ジャムハウスの
科学の本
ときめき×サイエンス
胸キュン！
虫図鑑
もふもふ蛾の世界
金子大輔［著］
JN214831
Jam House

もくじ

第0章 蛾とイモムシのキホンのキ

第1章 超スズメガのすすめ

第2章 超ヤママユガのすすめ

第3章 超ドクガのすすめ

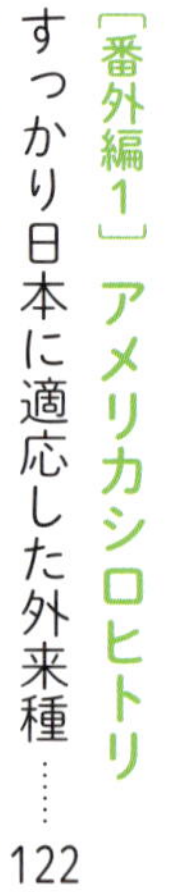

第4章 もっと蛾と仲良くなってみよう

蛾とイモムシのキホンのキ

「蛾」や「イモムシ」と聞いて、みなさんは何を連想しますか？
もし「気味が悪い」なんて言う人がいたら、
それはただの偏見かもしれません。
蛾とイモムシたちの大いなる魅力を感じるために、
まずはその先入観を取り払いましょう。

もふもふ蛾の世界へようこそ

数多くの虫の本がある中、本書を手に取ってくださり、どうもありがとうございます。イモムシ、毛虫たち、蛾、そして彼らを愛してやまない「ナウシカ系」の人たちの想いがぎっしり詰まった一冊となっています。

虫は本当に種類が多いのですが、本書では身近に見かける蛾、特に大きくて目立つ存在であるスズメガ、ドクガ、ヤママユガ（スズメガ、ドクガよりは都市部で見つけるのはやや難しい）にフォーカスしてみました。私自身、生まれて初めて一緒に遊んだ虫が毛虫とダンゴムシでした。その毛虫は「オビカレハ」という蛾の幼虫だったようです。

世間での毛虫・イモムシの評判は決して良いとは言えません。しかし先入観のない子どもは「こんなに可愛いのになぜ？」と疑問に思っていたりするものです。イモムシ・毛虫、蛾を飼ってみたいという子どものみなさん、おうちの人にこの本を見せて説得してみてはどうでしょうか。

たしかに毛虫の中には、毒針毛を持っていて、触ると危険なものもいます。しかし、毛虫のことを知れば、触れ合ってはいけない毛虫も見分けがつくようになるのです。

本書では、毒性がないとされるドクガの仲間の飼育もすすめてはいます。私も実際に飼って確認していますが、体質や体調によっては痛痒感やアレルギー反応が現れることも皆無ではありません。ドクガの毒性については、まだまだ不明な点が多いので、異変を感じたらすぐ自然に返し、皮膚科の診断を受けることをおすすめいたします。

スズメガ、ヤママユガ、ドクガとの出会いが、ご縁のあったみなさんの人生に幸せをもたらすことを祈りつつ……。

金子大輔

虫を愛する「ナウシカ系」の人々の想いが一冊に

これからご紹介するのは、晶子さんという小学2年生の女の子がつぶやいた虫に関するひとりごとです。

●ガガンボとアメンボは、似ています。足の長いほうがガガンボです。でもガガンボは、水に入れないでください。

●シデムシという虫は、死んだ虫を食べてきれいにしているので、絶対に殺さないでください。

●蛾を殺される事は、私の一番つらいことです。きれいなので、殺さないでください。

●山に行って上を向いて歩いてると、アリを踏んでしまうかもしれないので、用心してください。でもわざと踏む人は最低だと思います。なぜかと言うと、アリは働きものですから。

●ハチは、普通のミツバチだと、何もしなければ襲ってきません。アシナガバチとスズメバチは、動かなければ刺しません。

●虫は木のお医者さんだと思います。なぜならば葉っぱを食べて木と木がケンカするのを防ぐからです。

小学生くらいまでは、この子のように考えていた方もけっこう多いのではないでしょうか。このような想いを抱いたまま成長し、虫を愛する人たちを私は「ナウシカ系」と呼んでいます。この本は、ナウシカ系のみなさまのお力を借り、その想いを集結すべく作られました。最後のスペシャルサンクスのところで、お力になってくださった方々をご紹介していますので、興味のある方はぜひご覧ください。

ナウシカ系は、生き物がたいへん好きですが、そんじょそこらの動物好きとは訳が違います。小さな虫一匹のために心を痛め、虫一匹のためにも体を張ります。

虫といっても、チョウやカブトムシ、カマキリのような人気者ばかりではありません。

ゴキブリもスズメバチもドクガもハエも蚊も……。

蚊を見逃してしまう、ゴキブリを罠から救ったことがある、そんな経験をお持ちなら、あなたもれっきとしたナウシカ系です。

ナウシカ系の人々にとって、命あるものは本当にわが子なのだと言います。寝不足でふらふらになってまで、除草予定の場所でイモムシの救出にあたる人もいるのです。

私は学校で子どもたちに理科を教えています。教育にレシピなんてないと思いますが、仮に「ひとつ理想の教育を挙げよ」と言われれば、私なら「ナウシカ系を育てる」ことをまっさきに挙げます。ナウシカ系なら、決して「ゴキブリは嫌うのが当然」という世間の風潮にも流されず、不条理な社会の風習を盲信することもありません。

例えば２００９年４月には、ドイツのクリスチナ・ポメレルさんという女性運転手が、カエルを助けるためにバスを止め、首になったことが世界中で話題になりました。彼女こそ、典型的なナウシカ系といえるでしょう。

夢は、すべてのナウシカ系と友達になることです。ぜひとも本書を通じて「蛾」を盛り上げていきましょう。

昆虫って何？　虫って何？

そもそも「昆虫」ってなんでしょう？　みなさんは昆虫といえばどんな生き物を思いつきますか？

子どもたちの好きなカブトムシやカマキリ、それからこの本でたくさん出てくる蛾も昆虫です。

昆虫の足の数を数えてみましょう。６本あるはずです。そして、からだが「あたま・むね・はら」の３つに分かれています。

では、「虫」とは何でしょう？　昆虫もふくめた小さな生き物のことを「虫」と呼んでいます。昆虫と違って、生物学的にきっちりした基準はありませんが、魚・けもの・鳥以外の小さな動物を呼ぶと考えてよいと思います。

たとえばムカデ。ムカデの足の数はどう考えても６本ではありません。ですから昆虫ではないことがわかりますね。でも、魚でも鳥でもけものでもない、小さな動物であることは間違いありません。だからムカデは「虫」と呼んでよさそうです。ムカデは、ヤスデとかゲジ（ゲジゲジ）とおなじ仲間で「多足類」というグループに属します。

ほかにも、クモやサソリ、ダニのなかま（クモ類）、ダンゴムシやミジンコのなかま（甲殻類）、ミミズのなかま（環形動物）、プラナリアのなかま（扁形動物）なども虫と呼ぶことができるでしょう。

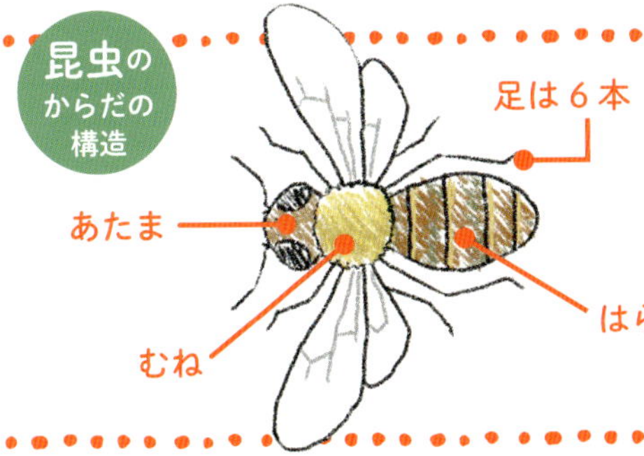

昆虫のからだの構造

足は６本
あたま
むね
はら

地球は虫・昆虫の惑星

　昆虫、そして虫はものすご〜く種類が多いのです。はっきりと名前がついているのが世界で100万種類くらい。そのほかは、名前がついていなかったり、まだきちんとした研究がされていなかったりします。ですから、昆虫、虫は本当は1億種類くらいいるんじゃないか、と考える人もいます。とにかくすさまじい種類がいるのです。

　地球の動物種のうち、75%くらいが昆虫、「虫」も入れると85%くらいになると言われます。個体数でも昆虫は100京「(1京」は1兆の1万倍)に達し、そのうちアリが1京匹を占めるとする学者もいます。

　しかし驚くのはまだ早い！　赤道直下の深い森(熱帯多雨林、セルバ、ジャングル)は、まだ1%くらいしかわかっていないとも考えられています。つまり、まだまだ新種がうじゃうじゃいるということです。

　新種を見つけると、自分の名前をつけることがあります。「カワカミシロチョウ」とか「イワサキクサゼミ」とか「ナミエシロチョウ」とか、日本人の名前が入った昆虫もたくさんいます。歴史に名前を残せるのです。

「それじゃいっちょ、わたしも新種を捕まえにいくか」と思ったみなさん、慌てずにちょっとお待ちください。たしかに熱帯多雨林には新種がうじゃうじゃいることは間違いありませんが、それが新種だってことをどうやって証明するんでしょうか？

　実はそのためには、やっぱりある程度生物の勉強をしないとダメなんです。

知ってる？ 虫の仲間分け

皆さんの住所を、宇宙人にもわかるように言うにはどうすればいいでしょうか。「銀河系の、太陽系の、地球の、日本の、東京の、○○区の、○○の、1丁目1番地」と言わなければならないと思います。生物の名前も同じ考え方をします。

「動物界の、節足動物門の、昆虫綱の、チョウ目の、スズメガ科の、コスズメ属の、セスジスズメ（種）」というのが正確な指定方法です。

つまり、界・門・綱・目・科・属・種という階層構造になっているわけです。「昆虫」とは昆虫綱、「虫」とは節足動物門とほぼイコールと考えることができます。では昆虫を「目」ごとに、発見されている種数を見てみましょう。「目」の名称の段階で、すでに聞きなれない名称がけっこうあることに驚くのではないでしょうか。

昆虫綱

● **無変態**……脱皮して大きくなるのみ

カマアシムシ目（原尾目）げんびもく
Protura:日本に約60種、世界から約700種

トビムシ目（粘管目）ねんかんもく
Collembola:日本に約360種、世界から約8000種

コムシ目（双尾目）そうびもく
iplura:日本に約15種、世界から約1000種

イシノミ目（古顎目）こがくもく
Archeognatha:日本に約15種、世界から約450種

シミ目（総尾目）そうびもく
Thysanura:日本に約14種、世界から約370種

● **不完全変態**……蛹がなく、脱皮のたびにだんだん成虫に近づいていく

カゲロウ目（蜉蝣目）かげろうもく
Ephemeroptera:日本に約150種、世界から約3000種

トンボ目（蜻蛉目）せいれいもく
Odonata:日本に約200種、世界から約6000種

カワゲラ目（せき翅目）せきしもく
Plecoptera:日本に約170種、世界から約2000種

ハサミムシ目（革翅目）かくしもく
Dermaptera:日本に約20種、世界から約2000種

ジュズヒゲムシ目（絶翅目）ぜっしもく
Zoraptera:日本で未発見、世界から約30種

シロアリモドキ目（紡脚目）ぼうきゃくもく
Embioptera:日本で約3種、世界から約400種

ナナフシ目（竹節虫目）ななふしもく
Phasmatodea:日本で約20種、世界から約3000種

バッタ目（直翅目）ちょくしもく
Orthoptera:日本で約370種、世界から約22000種

ガロアムシ目
Grylloblattodea:日本で約6種、世界から約30種

カカトアルキ目
Mantophasmatodea:日本で未発見、世界から約20種

ゴキブリ目
Blattodea:日本で約50種、世界から約4000種

シロアリ目（等翅目）とうしもく
Isoptera:日本で約20種、世界から約2600種

カマキリ目
Mantodea:日本で約10種、世界から約2300種

カジリムシ目（咀顎目）そがくもく
Psocodea:日本で約260種、世界から約16000種
※カジリムシ目＝チャタテムシ類＋シラミ類

アザミウマ目（総翅目）そうしもく
Thysanoptera:日本で約200種、世界から約6000種

カメムシ目（半翅目）はんしもく
Hemiptera:日本で約3000種、世界から約100000種
※カメムシ目にはセミも含む

完全変態……蛹を経て成虫になる。幼虫と成虫でかたちが大きく変わることが多い。

ハチ目（膜翅目）まくしもく
Hymenoptera：日本で約4600種、世界から約150000種

ラクダムシ目
Raphidioptera：日本で約2種、世界から約220種

ヘビトンボ目（広翅目）こうしもく
Megaloptera：日本で約20種、世界から約300種

アミメカゲロウ目（脈翅目）みゃくしもく
Neuroptera：日本で約140種、世界から約6500種

コウチュウ目（甲虫目）こうちゅうもく
Coleoptera：日本で約11000種、世界から約350000種

ネジレバネ目（撚翅目）でんしもく
Strepsiptera：日本で約40種、世界から約600種

シリアゲムシ目（長翅目）ちょうしもく
Mecoptera：日本で約45種、世界から約550種

ノミ目（隠翅目）いんしもく
Siphonaptera：日本で約70種、世界から約2600種

ハエ目（双翅目）そうしもく
Diptera：日本で約5300種、世界から約150000種

チョウ目（鱗翅目）りんしもく
Lepidoptera：日本で約6000種、世界から約160000種

トビケラ目（毛翅目）もうしもく
Trichoptera：日本で約340種、世界から約13000種

この本で扱うチョウ目は、日本だけで6000種という、とても大きなグループであることがわかると思います。

続いて、しばしば昆虫と混同されがちなクモ類（クモ綱）を見てみましょう。クモをはじめ、サソリやダニ、ザトウムシのなかまです。昆虫に次いで栄えている節足動物グループということができると思います。後半に挙げた名称はあまり聞いたことがないかもしれません。まだ謎が多く残っている生き物です。

クモ綱（蛛形綱）Arachnida

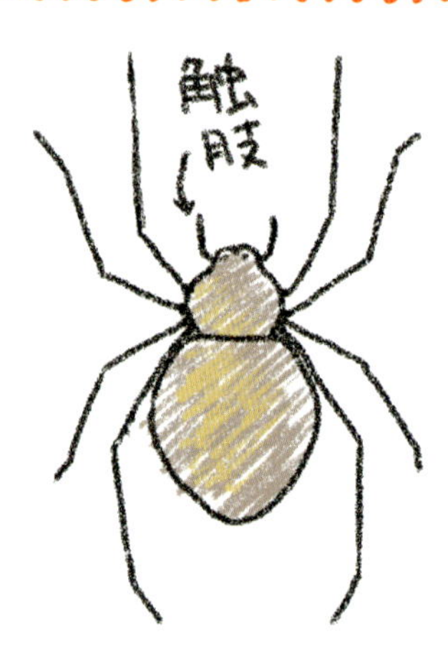

クモ目 Araneae
ダニ目 Acari
カニムシ目 Pseudoscorpionida
ザトウムシ目 Opiliones
サソリ目 Scorpiones

ウデムシ目 Amblypygi
サソリモドキ目 Thelyphonida
ヒヨケムシ目 Solifugae
ヤイトムシ目 Schizomida
クツコムシ目（口籠虫目）
Ricinulei:日本では未発見。
コヨリムシ目 Palpigradi

さらに、ムカデやゲジ、ヤスデのなかま（多足類）は、次ページのようになかま分けされています。ナウシカ系の方の中には、ヤスデに引かれる人も多いようです。ムカデは有毒で噛みつかれると痛いですが、ヤスデは原則噛みつきません。それぞれの節から、脚が1対出ているか2対出ているかで区別することができます。

多足類（多足亜門）Myriapoda

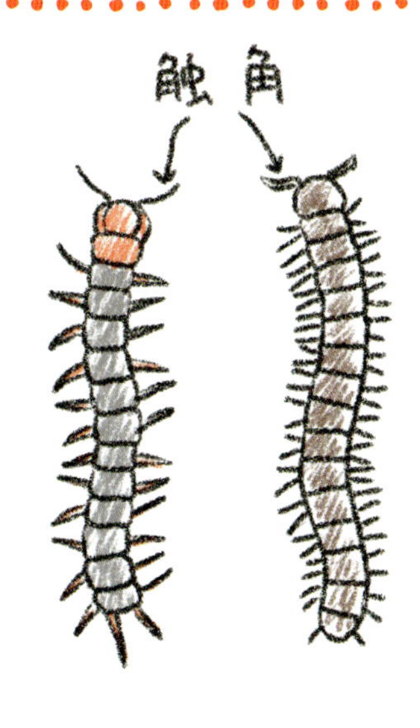

ヤスデ綱（倍脚綱）ばいきゃくこう　Diplopoda

ムカデ綱（唇脚綱）しんきゃくこう　Chilopoda

エダヒゲムシ綱（少脚綱）しょうきゃくこう　Pauropoda

コムカデ綱（結合綱）けつごうこう　Symphyla

甲殻類（甲殻亜門）Crustacea

そして、エビやカニ、ダンゴムシ、ミジンコなどを含むのが甲殻類です。甲殻類はなぜか、ヒトにとって美味なものが多いようです。大きなグループで分類が複雑なので、ここでは一覧は挙げません。節足動物のうち、昆虫、クモ類、多足類を除いたものと考えてよいと思います。

このように、虫や昆虫の世界は、いわば「分け入っても分け入っても青い山（種田山頭火）」。つまり、先が見えないほどスケールの大きい世界なのです。世界中の鳥や爬虫類に精通した人はいますが、虫すべてに精通するのは人間の能力では不可能かと思われるほどです。いったいどこまで続いているのか、想像もつかないほど深い深い虫の世界。本当にワクワクさせられますね。

チョウと蛾って何が違うの？ 衝撃の事実

この中でチョウはどれ？

突然ですが、クイズです。この中でチョウはどれでしょうか？　そして蛾はどれでしょうか。

1
2
3
4
5
6
7
8
9
10

正解は、チョウが１、４、５、７、８、９、10番、蛾が２、６番です。しかも、なんと３番に至ってはチョウでもガでもない、アミガサハゴロモという半翅目（カメムシのなかま）です。

チョウと蛾の違いはなんだろう?

では、チョウと蛾の違いとは何でしょうか? 多くの方は、次のいずれかの回答を思い浮かべたのではないでしょうか。

- チョウはきれいで、蛾は地味
- チョウは昼間、蛾は夜に飛ぶ
- チョウははねを閉じて、蛾は開いてとまる
- チョウは毒がなく、蛾は毒がある
- チョウの幼虫はイモムシ、蛾の幼虫が毛虫

しかしどの基準を採用しても、例外だらけになってしまうのです。マダガスカルに生息するニシキオオツバメガは、見ていると息を飲むほど美しいですし、オオスカシバは、昼間に飛ぶ蛾として知られます。

チョウは日本に約240種、蛾は約6000種が知られていますが、蛾のうち毒を持つのは1%にも満たないほどです。日本には触れるだけで危険なチョウはいませんが、ジャコウアゲハやカバマダラのように体内に毒を持ち、鳥が捕食を避けるものはけっこういます。

実はチョウと蛾に違いはない、テキトーに分けただけ

それでは、結局のところチョウと蛾は何が違うのでしょう?

実は「明確な違いは存在しない」が正解と言えます。昆虫のうちの鱗翅目(りんしもく)という仲間の中から、テキトーに主観で「チョウ」を選び出し、それ以外を「蛾」としたのです。

日本語や英語ではチョウと蛾を区別するので、違う生物のように思ってしまいますが、フランス語等、多くの言語ではチョウと蛾を区別しません。例えばフランス語ではチョウも蛾もpapillon(パピヨン)です。

チョウはきれいで、蛾はかわいい！

しかし「結局同じでした」ではおもしろくないので、ここでは私なりにチョウと蛾の違いを強引に見出してみました。それはずばり、「チョウはきれいで、蛾はかわいい！」。よく女性を「きれい系とかわいい系」と表現することがありますが、それとまったく同じ感覚です。チョウは体が細いものが多いのでモデルのようですし、蛾は哺乳類のように「モフモフ」としていて、とても愛嬌がある顔をしているものが多いです。

蛾の魅力

日本は「蛾差別」が激しく、蛾は避けられがちです。しかし、蛾の魅力はチョウに負けていません。まず種類が桁違いに多く、大半の種でほとんど何もわかっていません。一方のチョウでは、かなり研究され尽くしています。蛾は、少し調べるだけでゴロゴロ新事実が出てくるので、夏休みの自由研究のテーマとしてもおもしろいと思います。触れるのが危険な種はごくごくわずかなので、それさえ覚えてしまえば怖くありません。

超スズメガのすすめ

日本にはたくさんの種類の蛾が生息しています。
その中でも、かわいいことで
虫マニアからの人気が高いのが「スズメガ」です。
この章では、さまざまなスズメガの魅力をお伝えします。

スズメガ各種

蛾の世界をときめくアイドルたち

世の中には、イモムシと呼ばれる生物がたくさんいます。イモみたいな形だから「イモムシ」というのが語源ではありません。イモの葉を食べるからイモムシというのが、もともとの意味です。イモムシという言葉の範囲がどんどん広がって、やがてチョウや蛾の幼虫全般を指すようになったようです。

それで、イモの葉によくつくのがスズメガの幼虫。イモムシの中のイモムシ、元祖イモムシというわけです。

日本でスズメガは約70種、世界では約1200種見つかっています。スズメガのイモムシはよくこう呼ばれます）は、小型種でも50㎜、大型種では140㎜に達するジャンボイモムシです。国内で140㎜を超えるサイズになるイモムシ、毛虫はイワサキカレハの幼虫くらいでしょう。

スズメガイモは「可愛い」と、虫マニアの女性を中心に大人気です。手に乗せると甘噛みしてきたり、小さな

足でこちょこちょしてきたり……。みんなをメロメロにしてしまう魅力があるのです。温和で毒もなく、大きくて観察しやすいからか、書籍などでもモンシロチョウ、アゲハ、カイコなどと並んで飼育がすすめられています。

大きな体にもかかわらず、スズメガの幼虫は意外と繊細なようです。私たち人間も、とてつもなく怖い想いをしたときには、そのショックで体調が悪くなったりしますが、スズメガの幼虫は、ちょっと驚かせてしまうとすぐに吐いてしまうのです。他のイモムシはそのようなことがあまりないので、すぐに吐くというのもスズメガイモならではの特徴といえるかもしれません。ちなみに、葉っぱばかり食べているので、緑色の絵の具のような物体を吐き出します。

これからいろいろなスズメガイモを紹介していきますが、お尻に角（尾角）があるのも大きな特徴です。柔らかいので、触っても痛くありません。

以前、私が「どうしても駆除できない虫は」というニュース記事（オオスズメバチ等の回答を想定）を執筆した際、ご協力いただいたある方は「スズメガの幼虫」と答えていました。「あんなに可愛い子を駆除するなんて絶対無理だ」と……。

スズメガの成虫は飛行機のように高速で飛び交い、ときにホバリング（空中停止）もします。幼虫、成虫ともに「蛾のアイドル」と言ってよいでしょう。

セスジスズメ

スズメガ科 Theretra属［学名］Theretra oldenlandiae

ルックスはまるで地球外生物！

黒色が強いタイプの幼虫。ヤブカラシの葉をモリモリ食べて、1、2日後に蛹になりました。

セスジスズメ完全データ

［**大きさ**］終齢幼虫*1 80～85ミリ［**成虫開長** *2］55～70ミリ
［**発生時期**］初夏～秋に2回発生、幼虫は6～10月［**越冬**］蛹

食草 ● ［ブドウ科］ヤブカラシ、ノブドウ、［ツリフネソウ科］ホウセンカ、［サトイモ科］サトイモ、テンナンショウ、コンニャク、カラスビシャク、ムサシアブミ、［ヒルガオ科］サツマイモ、［ミソハギ科］タバコソウ＝ベニチョウジ、［アカネ科］フタバムグラ、クササンダンカ、［ツリフネソウ科］ニューギニアインパチエンス、［アカバナ科］ミズタマソウ

分布 ● 北海道，本州，四国，九州，対馬，種子島，屋久島，奄美大島，沖縄諸島沖縄本島，沖縄諸島久米島，沖縄諸島伊江島，宮古島，石垣島，西表島，与那国島；マレー，インド，ニューギニア

*1 蛹になる直前の幼虫　*2 成虫が羽を広げた長さ

セスジスズメイモと遊ぶ。こちょこちょこちょ。（© yezco）

メジャーな褐色タイプと白色が強いタイプの幼虫。白色タイプは、眼状紋（143ページ参照）の鮮やかな色彩が立ちます。この他に緑色タイプもいます。（©う）

「地球外生物っぽいイモムシがいるんだけど！」と言われて見に行くと、たいていこのセスジスズメの幼虫です。宮崎駿監督のアニメ『となりのトトロ』に「ネコバス」というキャラクターが出てきますが、まるでネコバスの電車バージョンみたいだという人もいます。

食草は幅広いですが、雑草中の雑草ともいえるヤブカラシを好んで食べるので、セスジスズメは比較的どこにでも見られます。ヤブカラシの語源は「藪枯らし」。藪を覆って枯らしてしまうほどに生い茂るため、園芸家や農家をしばしば悩ませます。ヤブカラシが繁茂し過ぎるのを防ぐためにも、もっともっと増えて欲しい種といえるかもしれません。

しっぽをピコピコしながら歩くので「しっぽピコピコ虫」と呼ばれたりもします。スズメガイモの中でも大型で、平均85㎜、大きな個体では１００㎜くらいに達するようです。

成虫は、和名のとおり、腹部の背中側に二本の白い筋が通ったイケてるスズメガです。よく似ているものに、白い筋が一本のイッポンセスジスズメ（*Theretra silhetensis*）がいます。

もっと大勢で遊ぶ。あっ、緑色のコスズメもいる！（© Megumi ono）

もっともっと大勢で。もうセスジスズメい過ぎ。「プニプニ、ムニムニ……」もうモミクシャです。（© みややも）

しっぽピコピコ虫のお通りだあ。(© 平本富美江)

グライダーのような
シャープな
フォルムです

セスジスズメの成虫。背筋に凛とした白い筋。立派なイケスズメガになりました。

ビロウドスズメ（ビロードスズメ）

スズメガ科 Rhagastis 属〔学名〕Rhagastis mongoliana

マムシに変装して天敵を撃退

「こんにちは〜。蛇ではございません」（©パツ子）

緑色の若齢幼虫。蛇柄に負けないくらい、イモかわいいでしょ。（©松井亜弥）

ビロウドスズメ完全データ

［**大きさ**］終齢幼虫75ミリ［**成虫開長**］50〜65ミリ
［**発生時期**］夏〜秋に2回発生、幼虫は6〜9月［**越冬**］蛹

食草●［アカネ科］カワラマツバ、［メギ科］ヘビノボラズ、［ブドウ科］ツタ、ブドウ、ヤブカラシ、［アカバナ科］オオマツヨイグサ、フクシャ、［ツリフネソウ科］ホウセンカ、［サトイモ科］テンナンショウ

分布●本州，四国，九州，対馬，屋久島；シベリア，朝鮮，中国，台湾

「頭を伸ばしてないコと比べると、よくわかるでしょ」（©パツ子）

「こんなに頭が伸びるんだよ～」（©パツ子）

こ、これは凄い！どう見てもマムシの子です。蛇の苦手な人であれば、背筋が凍り付くことでしょう。

ビロウドスズメ（ビロードスズメ）の幼虫は、マムシに似せ、鳥などの天敵を驚かすのが目的なので、大きなリアクションで驚いてあげるとイモムシも喜ぶのではないでしょうか。あえて減点ポイントを指摘すれば、舌をチロチロ出すことまではしないことかもしれません。

強烈な見た目とは裏腹に、毒もなく、人に危害を加えることは絶対にないので、子どもにも安心して飼育をすすめることができます。

最初はゾゾっとしたあなたも、ずっとこのページを見ていたらあ～ら不思議、なんだか可愛く見えてきませんか。

ビロウドスズメの幼虫は、なぜかアゲハの幼虫と間違えられることが多いようです。眼玉模様と大きな頭を持つところが似ているからでしょうか。

スズメガイモとしてはやや小型で、体長は75㎜くらいです。

成虫は、スズメガとしては小柄で地味な印象の蛾、うっかりすると落ち葉と間違えそうです。

ビロウドスズメ（ビロードスズメ） スズメガ科 Rhagastis 属 ［学名］ Rhagastis mongoliana

「ボクたちみんな、仲良しです」（©パツ子）

蛹になりました。また成虫になったら会おうね！（©松井亜弥）

「あにゃ？呼んだ？」（©松井亜弥）

成虫は小柄で、
何となく
落ち葉に似ています

蛇に変装する前は緑色でスッキリスマート！（©松井亜弥）

うっとりするような
魅惑の
フェイス！

スズメガのお顔は、もれなく可愛い！（©松井亜弥）

ビロウドスズメの成虫です。「ビロウドっぽい感じがするでしょ？」（©松井亜弥）

サザナミスズメ スズメガ科 Dolbina 属［学名］Dolbina tancrei

ヤンチャだけど、あんよがキュート！

ライラックの葉を食べているところをスカウト。大きな終齢幼虫です。

サザナミスズメ完全データ

［**大きさ**］終齢幼虫70ミリ［**成虫開長**］50〜80ミリ
［**発生時期**］初夏〜秋に2回発生［**越冬**］蛹

食草●［モクセイ科］モクセイ、イボタノキ、トネリコ、ネズミモチ、ヒイラギなど

分布●北海道，本州，四国，九州，対馬，石垣島，西表島；シベリア，朝鮮，中国

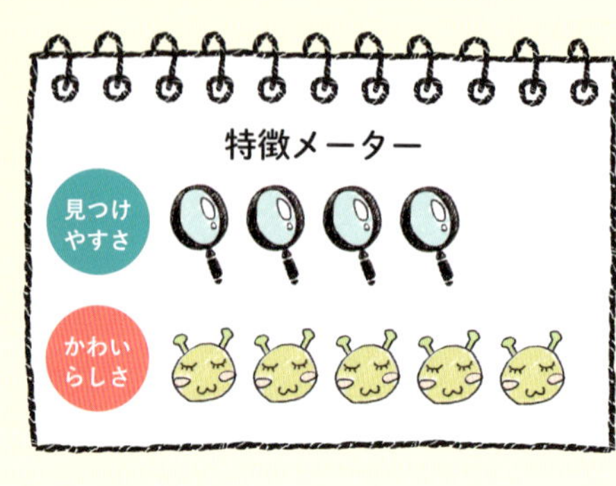

グ〜〜ンとアップ！

かわいい"あんよ"です。バブー、バブーという声が聞こえてきそう。

顔にズームイン！「葉っぱ食べてごめん。見逃して」と拝んでいるようです。

イモムシにも性格があるようです。スズメガの幼虫は、おとなしくあまり活発に動かないものが多いですが、サザナミスズメの幼虫は、驚かせると頭をぶんぶん振って「イヤイヤ」をしてくることもあります。スズメガイモとしては、ヤンチャな方と言えます。キンモクセイなどの葉を好んで食べ、都内でもかなり普通に見かける印象です。

写真をぐーんと拡大していきましょう。可愛いあんよ、です。いまにも、バブー、バブー、と言い出しそうですね。

成虫は、ごま塩のような白黒のまだら模様のスズメガで、なかなかの美スズメガです。

サザナミスズメ

スズメガ科 Dolbina 属〔学名〕Dolbina tancrei

羽化したばかりのサザナミスズメ。つぶらな目と立派な触角を誇っているようです。

羽化したばかりのサザナミスズメの横顔。羽化したばかりだからか、「これからどうなっちゃうの？」と、心なしか不安そうにも見えますね。

手乗り。触角を整えて、ポーズを取ってくれました。

背中から。スズメガの中では、渋いデザインですね。

キンモクセイを食べていた別の幼虫。尾角が長く直線的なことは、サザナミスズメ幼虫の特徴です。

典型的な黄緑色のオオスカシバの幼虫。色彩変異に富んでいますが、クチナシの葉を食べていて、お尻に角があれば、ほぼオオスカシバの幼虫と見て間違いありません。

オオスカシバ完全データ

［**大きさ**］終齢幼虫60～65ミリ［**成虫開長**］50～70ミリ
［**発生時期**］初夏～秋に２回発生［**越冬**］蛹

食草 ●［アカネ科］クチナシ、タニワタリノキ、シマタニワタリノキ、［スイカズラ科］ツキヌキニンドウ

分布 ●本州，四国，九州，対馬，奄美大島，沖縄諸島沖縄本島，沖縄諸島伊江島，宮古島，宮古列島伊良部島，石垣島，西表島，与那国島；台湾，中国，マレー，インド

オリーブグリーンのタイプ。黄緑色のタイプともだいぶ印象が違い、はじめは別種と思ったほどでした。

チョコレート色タイプのオオスカシバ幼虫。オオスカシバは何百と育ててきましたが、この色は1、2回しかお目にかかったことがありません。

ガーデナーなどにも人気の樹木のクチナシですが、それを丸坊主にしてしまうイモムシがオオスカシバの幼虫です。

オオスカシバイモはおとなしく、ヌボーッとした性格の印象です。飼育器が狭くても、エサがなくなっても、ケンカしたりすることもなく、「いい子にして」待っています。

ただ、食欲は凄まじいです。スズメガ中では比較的小型のイモムシですが、食べ物の量を、決してアゲハなどと同じに考えてはいけません。終齢幼虫を複数育てるときには、洗面器一杯分くらいの葉をどさっとやるイメージです。

成虫の容姿も特徴的で、知らなければまず蛾だとは思いません。巨大なハチ、ハチドリ、空飛ぶエビフライ……顔も何気に整っていて、かなりの美人（美虫）です。蛾としては少数派の昼行性です。

羽化したばかりで、飛び立つ直前のオオスカシバを手乗りにしたまま、耳に近づけてみましょう。もう立派に「ブーーーーン」という重低音を奏でています。

オオスカシバ

スズメガ科 Cephonodes 属 Theretra 属［学名］Cephonodes hylas

成虫の艶やかな
毛はまるで
ビロードのようです

なんだか目がうるんでいるようです。成虫になり、「これからどうなるんだろう」と不安なのでしょうか……。（© にしださゆ）

黄緑色タイプの幼虫が一晩でこんな色に！蛹になる時期が近づいたのです。「ボクは土に潜ります」というサインです。

仲良く一緒にひと休み。（© にしださゆ）

羽化したばかりの成虫。まだ羽根に白い鱗粉がついています。おつかれ様でした！（© にしださゆ）

ストローのような長い口吻を伸ばして、お食事中です。(© 山宮まみ)

もっふもふのお顔。(© にしださゆ)

手乗りになっているオオスカシバの成虫。(© 山宮まみ)

キイロスズメ

スズメガ科 Theretra 属［学名］Theretra nessus

キイロスズメの幼虫。頭が体の中にめり込んでしまっています。

キイロスズメ完全データ

［**大きさ**］終齢幼虫80～100ミリ［**成虫開長**］90～120ミリ
［**発生時期**］夏～秋に２回発生［**越冬**］蛹

食草 ●［ヤマノイモ科］ヤマノイモ、ツクネイモ、ナガイモ、オニドコロ

分布 ●本州，小笠原，四国，九州，対馬，種子島，屋久島，奄美大島，奄美諸島喜界島，徳之島，沖縄諸島沖縄本島，沖縄諸島阿嘉島，沖縄諸島慶留間島，宮古島，石垣島，西表島，与那国島；インド，オーストラリア

おててての中に顔を埋めて、反省中！

黄色いおてて（？）を合わせています。

キイロスズメの幼虫も、かなり「ヤバイ」イモムシです。美肌が怪しくセクシーな魅力を醸し出しています。ポッチャリを通り越して、まるで太モモのようにムッチリ、モッチリ。

かなり大柄なのに、あまり気が強い方ではないようです。何かに驚くと、首をすくめ、カメのように顔をからだに埋没させてしまいます。顔が首にめりこんだようにも見えます。また、口をすぼめるような仕草をするのもキイロスズメの特徴で、とてもユーモラスなイモムシです。いくら手触りがよくても、可愛くてセクシーでも、抱き枕にはしないようにしましょう。

緑色型や褐色型など、幼虫の体色は変化に富んでいます。成虫は腹部の両サイドの黄色がシンボルマークです。

キイロスズメ

スズメガ科 Theretra 属〔学名〕Theretra nessus

幼虫はまるまると
太っているのが
特徴です

色違いの褐色タイプと仲良く♪（© 増田有希子）

キイロスズメの成虫。少し不思議なエピソードがあり、ネットを通じて「きいろすずめ」さんという方と話している最中に飛んできました。

キイロスズメ成虫。やっぱり飛行機みたいでカッコイイ！

恒例の手乗りスズメガ。（© 増田有希子）

成虫は腹部の
両サイドが黄色いのが
ポイントです

見かけによらず
気は
弱いほうです

指の後ろから、こっちをのぞく。（© 増田有希子）

モモスズメ

スズメガ科 Marumba 属［学名］Marumba gaschkewitschii

ふかふかで手触り抜群！

モモスズメの終齢幼虫。ウメの葉を食べていました。

モモスズメ完全データ

［**大きさ**］終齢幼虫 70～80ミリ［**成虫開長**］70～90ミリ
［**発生時期**］初夏～秋に２回発生、幼虫は６～10月［**越冬**］蛹

食草 ●［バラ科］ウメ、モモ、サクラ、アンズ、スモモ、リンゴ、ナシ、ニワウメ、ヤマブキ、マルメロ、ビワ、カイドウ、ウワミズザクラ、［ニシキギ科］ニシキギ、［ツゲ科］ツゲ、［スイカズラ科］ハコネウツギ

分布 ●北海道，本州，四国，九州，対馬，屋久島；朝鮮

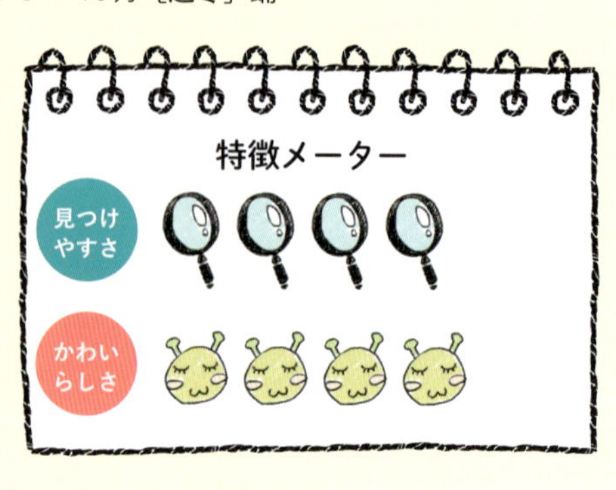

蛹になると色が変わりますが、変わりつつある珍しい瞬間です。

体が桃色がかってきました。蛹になる準備が始まります。

モモスズメも美肌がウリです。キイロスズメのスベスベ・モチモチとは違う路線で、ふかふかのカーペットのような産毛があり、一度触ったら忘れられない肌触りです。

萌黄色をベースにほんのりと桃色を帯びていて、世にも美しいイモムシです。ソメイヨシノなどの葉を食べ、蛹になるために降りてきてウロウロしているもの（ワンダリング）をしばしば見かけます。

名前の由来は、桃の葉を食べること、成虫の羽根が桃色を帯びていることに由来するという説があります。桃色のスズメガとしてはベニスズメ（Deilephila elpenor）も知られていますが、ベニスズメがド派手なピンクであるのに対し、モモスズメはほんのりとピンクを帯びていることで区別できます。

なお、モモスズメは成虫になると口吻は退化し、何も食べられません。太いからだに蓄えた栄養を使い切るまでの命なので、それまでに交尾、産卵を済ませなければなりません。

モモスズメ

スズメガ科 Marumba属［学名］Marumba gaschkewitschii

シックな色合いのモモスズメの成虫。
（© やちぐち☆まり）

蛹になり、完全に色が変わりました。

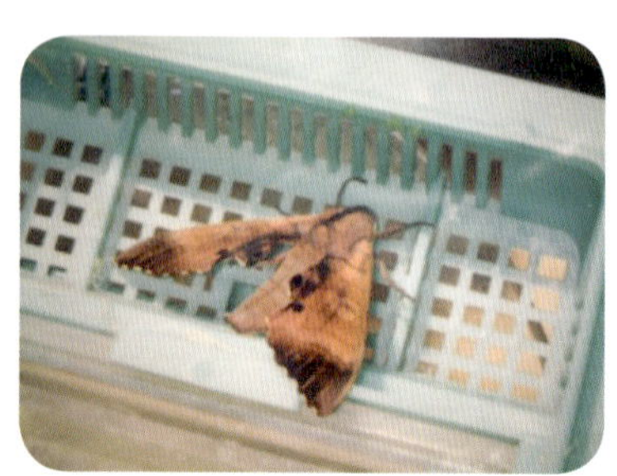

羽化したばかりのモモスズメ成虫。

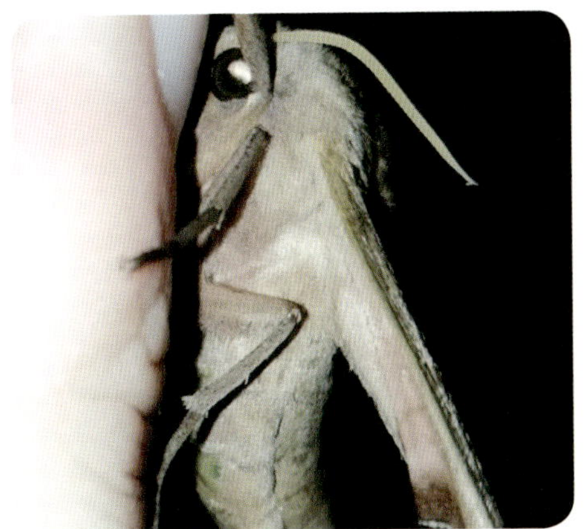

「べた～」。(© masafumi.q25)

顔をアップすると、鳥の雛のよう。(© masafumi.q25)

「じぃ～」(© 増田有希子)

エビガラスズメ

スズメガ科 Agrius属［学名］Agrius convolvuli

空飛ぶエビのフードファイター

緑色タイプのエビガラスズメの幼虫です。

エビガラスズメ完全データ

［**大きさ**］終齢幼虫80～90ミリ［**成虫開長**］70～90ミリ
［**発生時期**］初夏～秋に２回発生、幼虫は６～10月［**越冬**］蛹

食草●［ヒルガオ科］サツマイモ、ヒルガオ、アサガオ、ヨルガオ、ルコウソウ、［マメ科］フジマメ、アズキ、［ツルナ科］ツルナ、［ナス科］タバコ

分布●北海道，本州，小笠原，四国，九州，対馬，種子島，屋久島，奄美大島，沖縄諸島沖縄本島，沖縄諸島伊江島，宮古島，宮古列島伊良部島，石垣島，西表島，与那国島，大東諸島南大東島，大東諸島北大東島；旧北区，東洋区，エチオピア区，台湾，アジア，大平洋地域

君ら、いったい何色存在するんだい？（© 山宮まみ）

すぐ隣には、褐色タイプのコもいました。

すごいネーミングセンスだと思います。この成虫を見たら、まあエビとしか言いようがないデザインです。

幼虫は緑色から褐色まで変化に富んでいます。虫好きの人が突然アサガオの栽培に目覚めた場合、ひょっとしたら目的はこの子かもしれません。しかし、フードファイターもビックリの大食いスズメガイモが複数つこうものなら、栽培用のアサガオなんて瞬く間に茎も残さず消滅してしまうこと確実。そんな場合には保護して、雑草のヒルガオに慣れさせるのがおすすめです。

エビガラスズメ

スズメガ科 Agrius 属 ［学名］ Agrius convolvuli

葉っぱを小さくちぎって渡すと、本当に可愛い動作をする。（© 山宮まみ）

スズメガはやはり、手乗りにすると可愛さ倍増。（© 山宮まみ）

このコ、自分が可愛いって絶対気づいてるよね？（© 山宮まみ）

もふもふの「おてて」でこちょこちょ。（© 山宮まみ）

このエビのような
フォルムが
名前の由来です

見た目は似てるけど
鳥では
ありませんよ

エビガラスズメの成虫。本当に「海老柄」です。（© 零ぴょん）

大きさをきにしなければ、ほぼ鳥？（© 零ぴょん）

シモフリスズメの幼虫。白色の斜条がトレードマークです。

シモフリスズメ

スズメガ科 Psilogramma 属［学名］Psilogramma incretum

シモフリスズメ完全データ

［**大きさ**］終齢幼虫90ミリ［**成虫開長**］110～130ミリ
［**発生時期**］初夏～秋２回発生［**越冬**］蛹

食草 ●［ゴマ科］ゴマ、［モクセイ科］モクセイ、ネズミモチ、イボタノキ、ハシドイ、ヒイラギ、オリーブ、オオバイ、シマトリネコ、ソケイ［シソ科］シソ、［クマツヅラ科］クサギ、ハマゴウ、ムラサキシキブ、［ゴマノハグサ科］キリ、［ノウゼンカズラ科］ノウゼンカズラ、［スイカズラ科］ガマズミ

分布 ●本州，伊豆諸島八丈島，四国，九州，対馬，屋久島，トカラ列島，奄美大島，沖縄諸島沖縄本島，沖縄諸島久米島，沖縄諸島阿嘉島，沖縄諸島慶留間島，宮古島，宮古列島伊良部島，沖縄諸島伊江島，石垣島，西表島，与那国島；朝鮮，中国

「怪獣柄」の幼虫です。かっこいい！（© よなが）

かわいい「あんよ」です。（© 山宮まみ）

幼虫はゴムのような黄緑の質感に、銀粉でもまぶしたような見事なイモムシです。アンテナのようなしっぽがごつごつしているところは、爬虫類チックな魅力があります。サザナミスズメイモとよく似たデザインの他に、青緑色と白色と褐色がまだらのようになった「怪獣柄」のイモムシがいます。怪獣柄はとても派手なので、他のスズメガと区別が容易です。

見た目に反して控えめで、驚くと拝むような「勘弁して」ポーズを取ることがあるものの、頭を振って抵抗することはあまりないようです。

成虫はシルバーグレーを基調にしたスタイリッシュなスズメガです。

シモフリスズメ

スズメガ科 Psilogramma 属［学名］Psilogramma incretum

「ごめん、見逃してちょ」
（© miku）

ユニークなまだら模様は
爬虫類っぽい雰囲気です

シモフリスズメ成虫。特別に許可を得て入れて頂いた千葉県市川市の保護区の中で見つけました。

手乗り。比較的大型のスズメガです。（© miku）

木の幹の色に擬態。なかなかセンスがありますね。（© miku）

前から。（© miku）

クロメンガタスズメ

スズメガ科 Acherontia 科　属［学名］Acherontia lachesis

出ました～！黄色と紫のお洒落な幼虫。手と比べても、サイズの巨大さがわかりますね。（© natsuki.ono）

クロメンガタスズメ完全データ

［**大きさ**］終齢幼虫80～90ミリ［**成虫開長**］100～125ミリ
［**発生時期**］1回発生、幼虫は8～10月［**越冬**］不明

食草●［ゴマ科］ゴマ、［ナス科］ナス、ジャガイモ、チョウセンアサガオ、タバコ、クコ、［ゴマノハグサ科］キリ、［ノウゼンカズラ科］キササゲ、［マメ科］フジマメ、［アサ科］アサ

分布●本州，九州，屋久島，沖縄諸島沖縄本島；台湾，中国，マレー，インド

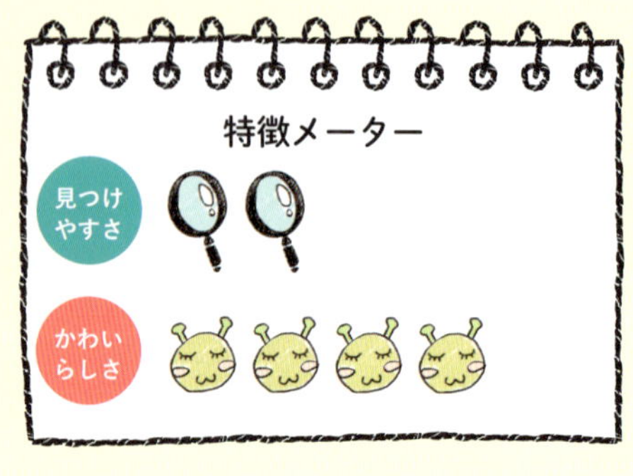

こちらは。黄緑タイプの個体です。
(© 森嶋麻衣)

横から見ると、S字状に湾曲し、ちぢれた尾角がお洒落です。
(© natsuki.ono)

背中に不気味に笑うかのような「ドクロマーク」がある蛾(人面蛾)として知られています。見た目が鮮やかなので、実際の大きさ以上にインパクトがあります。関東以南で「家庭菜園にすんごいヤツがいる」という報告を受けたら、まずこのコの可能性を考えます。

幼虫の尾角は、シモフリスズメ以上にくしゃくしゃ、くりくりです。かつては九州以南に分布していましたが、温暖化の影響か、北へと大きく分布を広げ、今では関東北部でも見られるようになりました。類似の人面蛾としてメンガタスズメ(Acherontia styx)もいて、幼虫も似ていますが、しっぽ状アンテナの形で区別することができます。

クロメンガタスズメ

スズメガ科 Acherontia 科 属 ［学名］ Acherontia lachesis

「むにゃ、呼んだかい？」（© 森嶋麻衣）

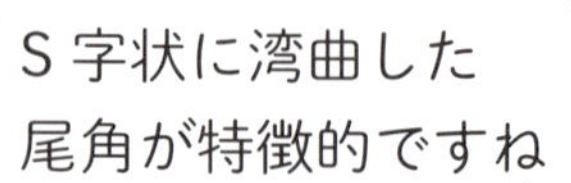

背中のガイコツがトレードマークの成虫です。
「私、イケてる？」（© pinhani）

「ねえ、なあに？」（© 森嶋麻衣）

手乗りクロメンガタスズメです。(© 増田有希子)

ドクロマークで粋がっていても、人のよさそうな顔です。(© 増田有希子)

「きらん」光る眼は、哺乳類のよう。(© 増田有希子)

コスズメ

スズメガ科 Theretra 科 属［学名］Theretra japonica

コスズメの幼虫は、褐色タイプがメジャーです。大きな眼状紋も特徴。（© 山宮まみ）

コスズメ完全データ

［**大きさ**］終齢幼虫75～80ミリ［**成虫開長**］55～70ミリ
［**発生時期**］初夏～秋に２回発生、幼虫は６～10月［**越冬**］蛹

食草 ●［アカバナ科］オオマツヨイグサ、フクシャ、ミズタマソウ、［ユキノシタ科］ノリウツギ、［ブドウ科］ブドウ、ノブドウ、ヤブカラシ、ツタ、エビヅル

分布 ●北海道，本州，四国，九州，対馬，種子島，屋久島，奄美大島，沖縄諸島沖縄本島，沖縄諸島久米島，宮古島，沖縄諸島伊江島，石垣島，西表島，与那国島；シベリア，台湾，朝鮮，中国

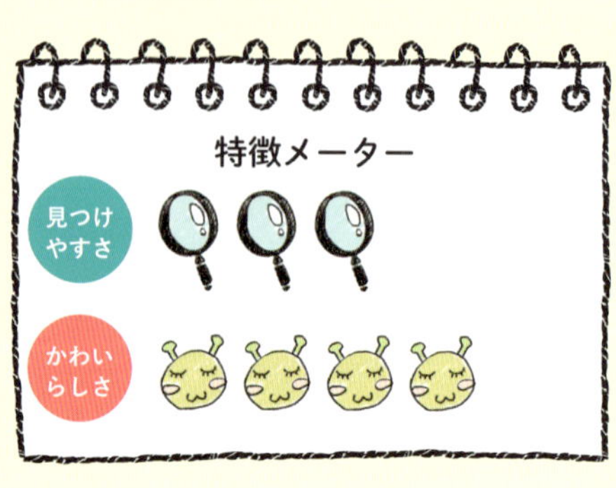

これがマイナーな緑色タイプの幼虫。（© 山宮まみ）

真正面から。本当に愛嬌のある顔してるね、君。（© 山宮まみ）

なんともユーモラスな目つきです（正確には「眼状紋」という模様）。まるで、退屈な授業で必死に目を見開いて「私、寝てないっす」と主張しているみたいです。

褐色タイプは、頭が三角形に見えてまるでヘビのように見えます。同じ種でも褐色タイプと緑色タイプで、だいぶ印象が異なる例です。青虫、イモムシでも、緑色のものは平気だけれど、褐色のものが苦手という方がいます。褐色のものは、ヘビをイメージすることに加え、色彩的にも、ごついイメージが先行するからでしょう。

コスズメなどという可愛らしい名前ですが、スズメガの例に漏れず、とても食いしん坊で大食いです。

成虫はキイロスズメを少し小型にしたような容姿で、名前どおりの可愛らしいスズメガです。

コスズメ

スズメガ科 Theretra 科 属 ［学名］ Theretra japonica

褐色の中でも、チョコレート色のタイプ。個性があります。（© 山宮まみ）

眼状紋があると
イモムシの面構えが
凛々しいですね

我が家に飛んできた成虫。前ばねの斜めの白い線は、中央が太いのが特徴です。

横顔です♪（©にしださゆ）

成虫は名前どおりの
愛らしい
ルックスです

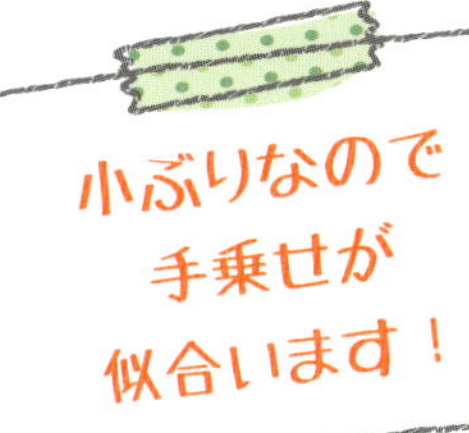

真剣な目でこっちを見ています。（© 山宮まみ）

お食事タイム♪（© 山宮まみ）

トビイロスズメ

スズメガ科 Clanis 属［学名］Clanis bilineata

トビイロスズメの幼虫。尾角は短く湾曲します。
（© onikomati）

トビイロスズメ完全データ

［**大きさ**］終齢幼虫80～90ミリ［**成虫開長**］100～110ミリ
［**発生時期**］秋に１回発生［**越冬**］前蛹（144 ページ参照）

食草 ●［マメ科］ダイズ、ニセアカシア、ハギ、クズ、エンジュ、フジ
分布 ●本州，四国，九州，対馬，屋久島，沖縄諸島沖縄本島；朝鮮，中国

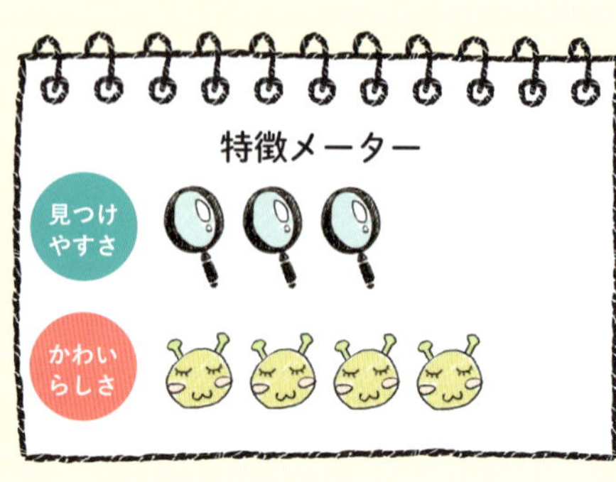

「手」を葉っぱから離し、「びくっ！葉っぱなんて食べてないっすよ」と言っているようです。(© salvia)

思いっきりイナバウアー！丸っこい頭も、トビイロスズメ幼虫の特徴です。(© onikomati)

成虫はとても地味な印象で、「スズメガの仲間っぽいけど、これといって特徴が……」ということでしたら、トビイロスズメの可能性が高いです。幼虫は、スズメガのシンボルであるアンテナ状の突起が短いことが特徴的です。前蛹越冬という、スズメガの中では珍しい形態を取ります。初夏の羽化直前に蛹化し、やがて成虫になるのです。

トビイロスズメは、黄土色のコートでも着ているように見えるので、「そのコート、トビイロスズメみたいで素敵ですね」という表現が、いつの日か流行するかもしれません(笑)。

トビイロスズメ

スズメガ科 Clanis 属［学名］Clanis bilineata

お顔の写真。虫好きは、文字通り「虫に真正面から向き合って」写真を撮る方が多いようです。（© 虫愛ずる♀）

イモムシ時代の方が個性的です。

出たな〜、色違いの黄色タイプ！（© onikomati）

トビイロスズメの成虫。街中にもいますが、枯れ葉そっくりでうっかりすると見過ごしてしまいます。（© 銀猫）

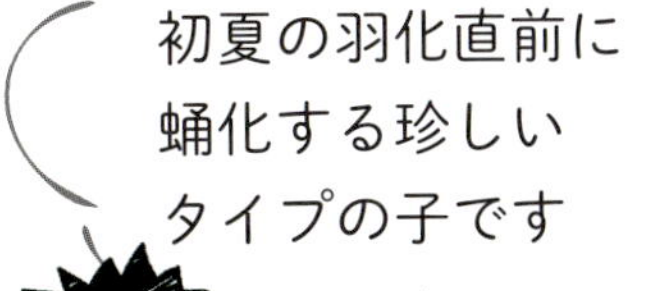

「ねえ、ねえ、ねえ！」パタパタパタ……。（© 増田有希子）

手乗りトビイロスズメ。後ろ羽根の濃色はトレードマークです♪（© onikomati）

ウンモンスズメ

スズメガ科 Callambulyx 属［学名］Callambulyx tatarinovii

ウンモンスズメの幼虫。赤紫色紋があることがあり、トレードマークになります。（© みややも）

ウンモンスズメ完全データ

［**大きさ**］終齢幼虫60～70ミリ［**成虫開長**］65～80ミリ
［**発生時期**］初夏から秋に2回発生［**越冬**］蛹

食草 ●［ニレ科］ケヤキ、ハルニレ、アキニレ
分布 ●本州，四国，九州，対馬

「エサはないかにゃ……。」（© みややも）

赤紫色紋があまり目立たないタイプ。警戒してイナバウアーしています。

イ、イケてる！　こんなカッコいい蛾がいていいのか……。羽根の模様の美しさは芸術的です。

「抽象画ってよくわからない」という方は、ウンモンスズメの羽根をじっくり見てみましょう。何か感じてきませんか。「模様で何かを訴え、コミュニケーションを取る」というのは、蛾が得意なコミュニケーションです。生物種を超えて、人間にも有効であるところは、本当に舌を巻きますね。

幼虫はザラザラした肌触りで、どちらかというとモモスズメ路線です。赤紫のアンテナもとってもキュートですね。

ウンモンスズメ

スズメガ科 Callambulyx 属［学名］Callambulyx tatarinovii

夜間に灯りに飛んできて、昼間もよく人家にとまっている成虫。（© 銀猫）

コンコン……窓をノックしようとしているのでしょうか。（© 松井亜弥）

後ろばねの紅色が目を引きます。（© みややも）

顔を見ると
意外と
かわいいもんです

横からも。意外におっきな頭してるんだね。
（© 齊藤勝巳）

前から、はいポーズ。（© 齊藤勝巳）

イモムシにも性格がある？

ここまで読んでくださった皆様ならおわかりだと思いますが、イモムシにもそれぞれ個性があります。オオスカシバの幼虫のようにおっとりしたもの、ウスタビガやヤママユの幼虫のようにケンカっ早いものなど、種によって個性があります。自然界では、ケンカっ早いものは、個体密度を低くするなど、うまくやっています。

また、アゲハ類の幼虫は、攻撃的というわけではないのですが、お互いに噛み合ってしまうことがあります。ケンカというよりは、食草の匂いがするのでかじってしまった、ということのようです。特にジャコウアゲハでは「共食い」に発展してしまうことがあるので、注意が必要です。

種による個性のほかに、個体ごとの性格の違いももちろんあります。

ある方のケースでは、クヌギカレハの幼虫とトビモンオオエダシャクの幼虫が大親友になったとのことです。毎日のように、トビモンオオエダシャクの背中にクヌギカレハが乗り、トビモンオオエダシャクは嫌がる素振りをまったく見せなかったとか。

超ヤママユガのすすめ

蛾の中でも、大型でダイナミックな
ルックスなのが「ヤママユガ」です。
見ているだけでワクワクするような
個性派のヤママユガたちをご紹介しましょう。

ヤママユガ各種

「モスラ」のモデルにもなった重量級

ヤママユガ科は世界で2300種、日本で約10数種見つかっています。怪獣映画「モスラ」のモデルとも言われるので、個人的にはモスラ科と改名したいと思っています（笑）。どの種も大型で、世界最大のガである「ヨナグニサン」もここに入ります。その大きさはなんと人の顔をすっぽり覆う事ができるほどです。羽根の模様も独特で、アール・ヌーヴォーを改造したような美しい模様をしています。触角は羽毛状。

巨大な図体から「人食い蛾」のモデルになったともされますが、実際は人食い蛾どころか、口吻が退化し、何も食べることができません。また単眼もありません。成虫は太いからだに蓄えた栄養を使いながら生き、使い切ったら寿命が尽きるわけです。無駄なエネルギー消費は一切許されません。人間がスポーツなどでエネルギーを消費しているのを見たら怒り狂うかもしれませんね。

ヤママユガ科は成虫が巨大なわりには、幼虫の大きさは控えめです。ヨナグニサンの幼

虫でさえ体長100㎜くらいです。巨大毛虫ではありますが、成虫のサイズから考えると体長200㎜くらいに達してもおかしくない印象ですから。ただからだは太く、多くの種が粗毛（まばらに生えている毛）とイボ状の突起を持ちます。

また幼虫は立派な繭を作るので、絹糸を取るために飼育される種もあります。シンジュサンをカイコのように家畜化した「エリサン」という種も存在します。

堅くて密な繭を作りますが、アフリカやアメリカでは繭を作らずに、地中で蛹化するものが知られています。

ところで、ヘルマン・ヘッセの『少年の日の思い出』という小説は日本でよく知られ、中学校の教科書にも載っています。クジャクヤママユというレア種をゲットした友人羨ましさに、人生で初めて盗みを犯してしまう話です。海外、しかもかなり昔にも「蛾の珍種に憧れる」という価値観があったことに嬉しく思います。

オオミズアオ

ヤママユガ科 Actias 属［学名］Actias aliena

ウメの葉を食べていたオオミズアオの中齢幼虫です。

オオミズアオ完全データ

［**大きさ**］終齢幼虫70～80ミリ［**成虫開長**］80～120ミリ
［**発生時期**］初夏～秋に２回発生［**越冬**］蛹

食草 ●バラ科、ブナ科、カバノキ科、ミズキ科
分布 ●本州，四国，九州，対馬，種子島

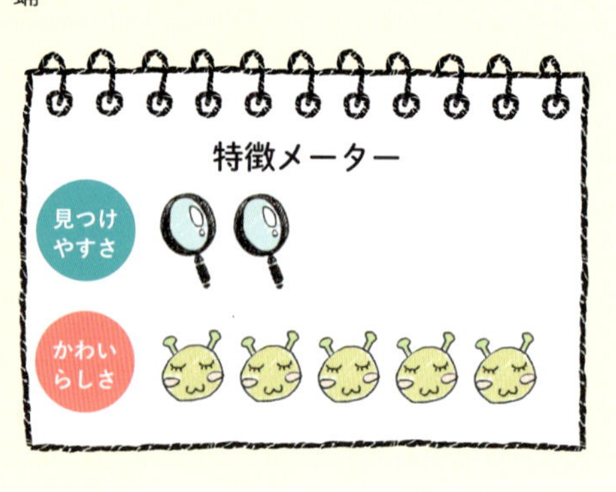

体長約 80mm。定規に興味津々のようです。

同じウメの樹に、終齢幼虫もいました。かなりの大物です。

蛾は苦手でも「オオミズアオだけは特別」という人がけっこういるようです。水色〜黄緑に白をまぜたような色彩で、およそ蛾らしくありません。

また警戒心がなく、成虫は手を出すと乗ってくることがよくあります。手乗りにすることの容易さではトップクラスの動物と言えましょう。しかし、いざ飛ぶと不器用で、飛びながらあちらこちらに激突するので、羽はすぐにぼろぼろになってしまいます。

幼虫は固くずっしりと重くて、およそイモムシらしくありません。むしろ小さなサボテンのようです。東京23区にも生息し、私の住んでいる江戸川区でも数年に一度、幼虫に出会うことができます。

幼虫に触ると、まれに痛みを感じ、ごく軽い発赤や丘疹を生ずることがあります。幼虫には毒はなく、物理的なチクチクなので、短時間で治癒します。

蛹も豪快です。部屋で越冬させていると、ときどき何かの拍子に驚いて暴れるのか、紙を破くような音が響き渡ります。冬の間お供するだけでも退屈したり、存在を忘れてしまったりすることはないと思います。

オオミズアオ

ヤママユガ科 Actias 属［学名］ Actias aliena

羽化したばかりのオオミズアオ成虫。

羽根が伸びたオオミズアオ成虫。キャベツの葉をおもわせる色彩を持つ個体です。

出雲大社にて。神々しさ倍増です。（©榎本優子）

飼育器の天井で、文字通り「羽根を伸ばして」います。

警戒心が薄くて、
とにかく人懐っこい
蛾です

光物もお好き？（© 零ぴょん）

手のひらより、ずっと大きいのがわかります。（© 山宮まみ）

クスサン

ヤママユガ科 Saturnia 属 ［学名］ Saturnia japonica

個性豊かなクリ林の住人

クスサンの幼虫たちです。（© Megumi ono）

クスサン完全データ

［**大きさ**］終齢幼虫100ミリ ［**成虫開長**］100～130ミリ
［**発生時期**］初夏～夏に１回発生、幼虫４～７月 ［**越冬**］卵

食草 ●ブナ科、バラ科、ニレ科、ウルシ科、ヤナギ科など多食性。
分布 ●北海道，本州，四国，九州，対馬，屋久島；シベリア

「むしゃむしゃむしゃ……ああ、美味しい♪」（© Megumi ono）

見てください、このサイズ！タダモノではない毛虫です。（© Megumi ono）

羽根の色は褐色、灰黄褐色、橙色を帯びた褐色など、個性に富んでいます。

私が初めてクスサンに出会ったのが、群馬県の子持山でした。大学院のゼミ合宿で来ていた夜、ある女子学生が「なんか、怖いんだけど……」と指差す先の窓見たら、いたのです！　外から窓をノックするように、こちらに一生懸命飛んで来ようとするクスサン。

幼虫はイチョウなどの葉を食べるはずですが、イチョウ並木などの多い都心部で見かけたことはなく、自然が豊かなところが好みのようです。いるところでは害虫になりうるほどいて、幼虫はシラガタロウ、シラガジジイ、クリケムシなど、蛹はスカシダワラと多数の愛称を持ちます。七月の初めころ、生息地の雑木林に行くと、真っ白な毛がたくさん生えた立派なシラガタロウが見つかることでしょう。

クスサン

ヤママユガ科 Saturnia 属 ［学名］ Saturnia japonica

クスサンの繭です。（© うけっち）

おいでおいで。（© にしださゆ）

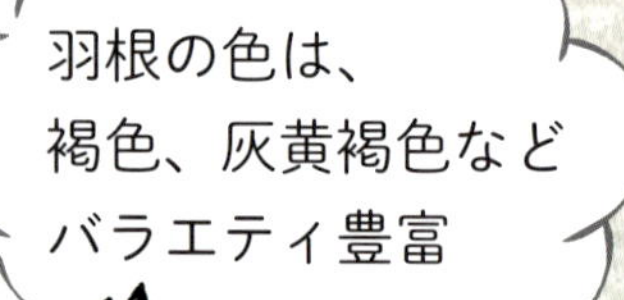

少し黄色みがかったタイプ。（© Megumi ono）

こちらは黒っぽいタイプ。とても個性が豊かです。
（©Megumi ono）

黒っぽいタイプは
雰囲気がガラリと
変わりますね

夫婦で仲良く お食事タイム

かわいい顔とつぶらな目。（©Masafumi.q25）

クスサンカップル♪（© Megumi ono）

ヤママユ

ヤママユガ科 Antheraea 属［学名］Antheraea yamamai

ヤママユの幼虫です。プニプニの黄緑色のゼリーのよう。（© クワにし）

ヤママユ完全データ

［**大きさ**］終齢幼虫55～70ミリ［**成虫開長**］115～150ミリ
［**発生時期**］春～初夏に1回発生、幼虫は5～6月［**越冬**］卵

食草 ●［ブナ科コナラ属］クヌギ、コナラ、カシワ、カシ、［ブナ科クリ属］クリ、［バラ科］リンゴ、サクラ
分布 ●本州，四国，九州，対馬，屋久島；ウスリー，朝鮮

「いやだ、葉っぱ食べるの！」（© Megumi ono）

大きさは、スズメガよりはちょっと控えめ。（© クワにし）

ヤママユが繭を作るときに吐く糸は、繊維界のダイヤモンドとして世界から絶賛されています。しかしカイコほど飼育が一般的でないのは、ヤママユの幼虫が、団体行動が苦手なマイペース派であることも理由の一つに挙げられます。彼ら彼女らは「おひとり様」が好きで、他の幼虫がいるとすぐにケンカを始めます。ケンカをし過ぎるとストレスで弱ってしまうので、3〜4齢（2、3回脱皮をした状態）以上になったら2、3個体に分けて飼育する必要があるのです。飼育に手間がかかるわけです。

成虫は、「蛾」といえばまずこれを連想するのではないかという「キング・オブ・モス」な容姿です。沖縄以外で見られる蛾の中では最大クラスです。白い壁にべた〜っと張り付いていれば、下手な看板以上に猛烈に人目を引きます。

成虫の巨大さのわりには幼虫の大きさは控えめですが、食欲は他のヤママユの仲間やスズメガにも劣りません。

ヤママユ

ヤママユガ科 Antheraea 属［学名］Antheraea yamamai

ヤママユの繭。（© うけっち）

枝にとまらせた幼虫。ぽっちゃりフォルムがかわいらしい。（© にしださゆ）

繭を作るときに
出す糸は
繊維界の希少品です

ダイナミックな
羽根が迫力満点

存在感抜群のヤママユの成虫。

「これからも、よろしくお願いいたします」（© クワにし）

手乗りにしたら、可愛い顔が見えてきます。（© にしださゆ）

飛んできてこんな顔で挨拶されたら、思わず家に入れてしまいたくなる？（© masafumi.q25）

昆虫のフォルムの美しさは、ある意味「罪」ですね。（© 虫愛ずる♀）

シンジュサン

ヤママユガ科 Samia 属［学名］Samia cynthia

まるでスイーツのようなシンジュサンの幼虫です。イモムシとするか毛虫とするか、意見が分かれます。（© pinhani）

シンジュサン完全データ

［**大きさ**］終齢幼虫50ミリ［**成虫開長**］110〜140ミリ
［**発生時期**］初夏〜秋に1〜2回発生、幼虫は6〜10月［**越冬**］蛹

食草● ［ニガキ科］シンジュ、ニガキ、［ミカン科］キハダ、［ブナ科コナラ属］クヌギ、［エゴノキ科］エゴノキ、［クスノキ科］クスノキ、［ミツバウツギ科］ゴンズイ、［トウダイグサ科］ナンキンハゼ、ヒマ

分布● 本州，四国，九州，種子島，屋久島，奄美大島，徳之島，奄美諸島沖永良部島，沖縄諸島沖縄本島，石垣島，西表島；朝鮮，中国

芸術的な美しさの成虫。（© hana）

きれいな水色を帯びた脚が、美しくも可愛い
（© Zmichikusa）

名前からイメージする通り、ヤママユガの仲間の中でも、「ヤバイくらい」に美しい。羽根はたおやかな曲線美をこれでもかと駆使したデザイン、顔を見ると、哺乳類のようなモフモフ。

幼虫を見ても、脚は水色、からだ全体が腕のいいパティシエがデザインした洋菓子のようです。まさに、〝美しい〟という表現がピッタリです。また、「海の宝石」と呼ばれるウミウシと似た雰囲気も持っています。

庭に大きなフンが散乱している……。ふと上を見上げたら、シンジュサンの幼虫がたくさんいた！なんてこともあるかもしれません。

シンジュサン

ヤママユガ科 Samia 属 ［学名］ Samia cynthia

ちょいと斜めから……。黒みが強いタイプの成虫です。（© 越野有祐）

成虫は
自然の神秘を感じる
美しさです

こちらは、薄い褐色タイプの成虫。個性があって、みんな少しずつ違います。（© 長田庸平）

蛾界のフォトジェニック!

みんなで輪になって天国のような光景ですね。(© 矢矧紗友莉)

モフモフで、まるでパンダのようです。(© 越野有祐)

これで蛇の頭のように見せかけて、敵を脅すともいわれます。(© 越野有祐)

ウスタビガ

ヤママユガ科 Rhodinia 属［学名］Rhodinia fugax

鳴き声がとってもユニーク

これまた、イモムシか毛虫か微妙なウスタビガの３齢幼虫。(© うけっち)

ウスタビガ完全データ

［**大きさ**］終齢幼虫60ミリ［**成虫開長**］80〜90ミリ
［**発生時期**］初夏〜夏に１回発生［**越冬**］卵

食草 ●［ブナ科コナラ属］クヌギ、コナラ、カシワ、［バラ科］サクラ、カエデ科、カバノキ科、ニレ科、
分布 ● 本州、四国、九州、朝鮮、北海道とシベリアには別亜種

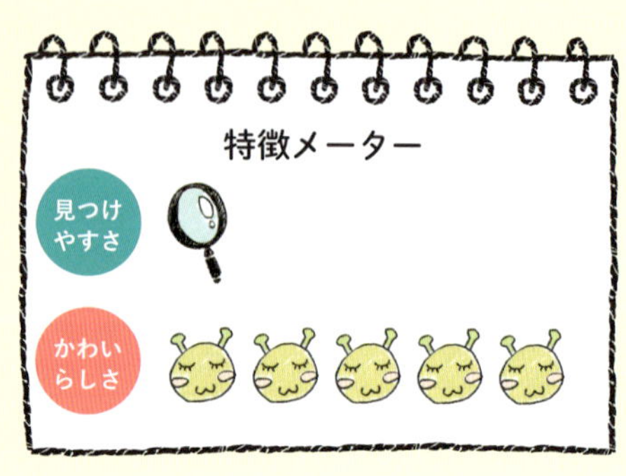

これまた、別の繭です。(© 平本富美江)

一度見たら忘れないウスタビガの繭。(© うけっち)

ウスタビガイモは、とてもユニークな個性の持ち主です。驚くと、ゴム製のおもちゃのようにキューキュー音を出すので「Qちゃん」などと呼ばれることがあります。

また、ヤママユと同じくケンカが好きなイモムシです。単独で飼わないとストレスで死んでしまうこともあるので、飼育では注意が必要です。

繭は緑色、やや扁平のきんちゃく袋のような形で、長い柄で木の小枝などにぶらさがり、俗にヤマカマス、ツリカマス、ヤマビシャクなどと呼ばれます。

成虫も黄金色の美しい蛾で、櫛のような触角がなによりキュートです。からだもまるまると太り、ヒヨコのようです。

ウスタビガ

ヤママユガ科 Rhodinia 属 〔学名〕 Rhodinia fugax

ウスタビガ成虫。やや黒っぽい個体です。オスの色は、変化に富みます。（© にしださゆ）

明るいヒヨコカラーは
とにかく目立ちますね

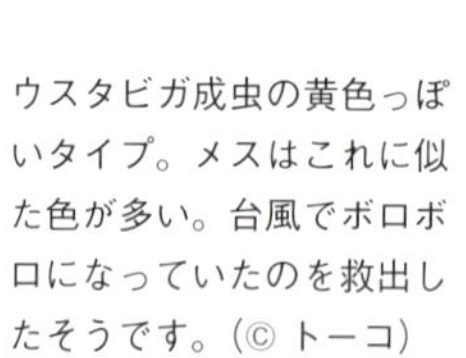

ウスタビガ成虫の黄色っぽいタイプ。メスはこれに似た色が多い。台風でボロボロになっていたのを救出したそうです。（© トーコ）

ウスタビガ成虫の顔を真正面から。（© やちぐち☆まり）

ケンカ早い幼虫期と
うってかわって
成虫はかわいらしいです

モフモフで ほぼヒヨコ！？

「ふにゃ、何するんだよお」。ヒヨコみたいにふくよかな胴体です。（© クワにし）

哺乳類チックな、もっふもふのウスタビガ。（© にしださゆ）

ちょっとシャイ？　目を隠しているようです。（© にしださゆ）

エゾヨツメ

ヤママユガ科 Aglia 属 ［学名］ Aglia japonica

5 本の突起がトレードマークの、エゾヨツメ中齢幼虫です。（©生物 LOVE Takashi）

若齢幼虫は、生まれたばかりの小さな幼虫、1 齢幼虫、2 齢幼虫あたり。終齢幼虫は、蛹になる直前の、もう脱皮をしない幼虫。中齢幼虫は、若齢幼虫と終齢幼虫の中間を指します。

エゾヨツメ完全データ

［**大きさ**］ 終齢幼虫50ミリ ［**成虫開長**］ 70～100ミリ
［**発生時期**］ 春～初夏に１回発生 ［**越冬**］ 蛹

食草 ● ［カバノキ科］ カバノキ、ハンノキ、［ブナ科］ ブナノキ、［ブナ科クリ属］ クリ、［ブナ科コナラ属］ コナラ、カシワ、［カエデ科］ カエデ
分布 ● 北海道、本州、四国、九州（北海道のものは別亜種とすることも）

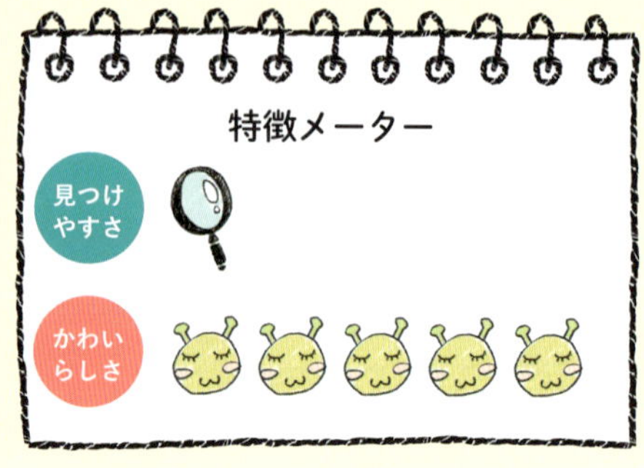

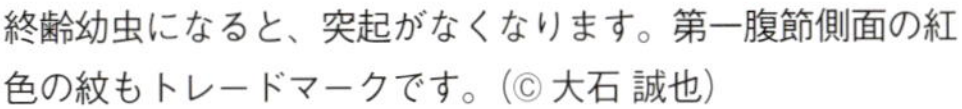

終齢幼虫になると、突起がなくなります。第一腹節側面の紅色の紋もトレードマークです。（© 大石 誠也）

食欲旺盛な若齢幼虫。（© 生物 LOVE　Takashi）

イボタガ、オオシモフリスズメと並び、春の御三家に入る大型蛾です。私のイメージだと、最近人気が高まってきている種のように感じます。１９８０年代～90年代の小学生向けの図鑑では、エゾヨツメは紹介されていないケースが目立つからです。ヤママユガの中では小さい方であり、幼虫もやや少食で地味なところがあるためでしょうか。

　ヤママユガの中では控えめなサイズでありながら、青い眼状紋の美しさがたまりません。また幼虫も、まるでロボットのように角を何本も生やして、とてもキュートです。

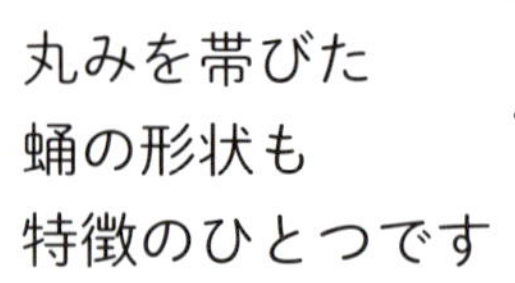

エゾヨツメの蛹。他の蝶や蛾に比べて丸っこいですね。（© 生物 LOVE　Takashi）

飼育風景。虫好きにとって、ワクワクする光景ですね。（© 生物 LOVE　Takashi）

うろうろ……どこで蛹になろうかな〜。（© 大石誠也）

成虫に真正面から向き合う。「ねえねえ、遊ぼうよ」（© Stag）

手乗りの成虫。チョコレート色でモフモフで……どことなくトイプードルのよう？（© Stag）

「どやあ！水色の水玉がきれいでしょ？」（© やちぐち☆まり）

ヤママユガの中では エコサイズ

「そんなに見られたら照れるよ」（© やちぐち☆まり）

横から見ると、三角形のからだです。（© やちぐち☆まり）

あの蛾の種類は何？　インターネットで調べるときのコツ

　種名がわからないときには、図鑑やインターネットで調べます。おおよそ、科や属のあたりがついていれば、図鑑を活用することができるでしょう。しかし、皆目見当がつかないときには、インターネットを活用するとよいと思います。

　インターネットで検索するときには、パッと見たときに気づいた特徴や、見つけた季節、場所などを入力します。たとえば「蛾　背中に白い線　千葉」など。あるいは「空飛ぶエビフライ」のような、より直観的なキーワードでうまく検索できることもあります。いろいろ試してみましょう。

　生き物に出会ったとき、特徴を言葉で端的に言い表す訓練をしておくとよいと思います。またスマホやデジカメなどで取り急ぎ撮影し、後ほどゆっくり検索するのも有効です。

　上級テクニックとしては、ツイッターで「虫アカウント」を一つ作り、虫好きな人とネットワークを作っておくのもよい方法です。同定できない虫に出会ったとき、写真をアップすれば、詳しい人に教えてもらうことができます。教えてもらうときには礼儀やマナーを尽くし、「厚かましい教えてクン」にならないよう、気を付けましょう。

超ドクガのすすめ

蛾の中でも、毒針毛を持つ種類がいるのが「ドクガ」です。
こう聞くと何やら恐ろしく感じるかもしれませんが、
実は毒を持つのは少数派。
ここでは代表的なドクガたちをご紹介しましょう。

ドクガ各種

毒を持つのは少数！毒性が弱いものは飼育もOK

ドクガ科の蛾は、世界で2500種、日本で50種ほど見つかっていて、中〜大型の蛾です。アフリカやマレー方面で最も栄えています。オスとメスで模様や容姿が異なるのも特徴と言えます。たいていオスはスマートですが、メスはでっぷりと太っていて、いわゆる「提灯に釣り鐘」のようなフォルムです。ヤママユガなどと同じように、口吻が退化したものが多く、成虫になると何も食べられません。交尾をして子孫を残すためだけに生きるのです。触角はくし歯状で、これが何とも言えぬユーモラスで可愛い容姿を作り出します。

「電気虫」と呼ばれ、触れるとピリッとした痛みが走ることで知られるイラガという毒毛虫がいます。そのイラガなどと異なり、毒針毛をもつ種では、幼虫ばかりかすべてのステージ(卵、蛹、成虫)で毒針毛を持つものが多く、触れることができません。触れてしまってもその場では気づかないことが多く、後になっ

て痛痒感が襲ってきたり皮膚に蕁麻疹のようなものが出たりします。メスは卵を保護するため、尾端にたくさんの毒針毛を持っているので、オスより危険です。

　でもそういった種は少数派なので、「触れてはいけない種」を覚えてしまえば怖くありません。どこの世界でも、「不届きものは目立つ」ので、毒性の強い種により、最悪の事態に至ってしまったケースばかりが有名になり、恐ろしいイメージが独り歩きしてしまっています。

　また毒針毛を持たない種でも、幼虫の刺毛による物理的な刺激により、軽い炎症を起こすケースもありますが、その場合はすぐに治癒するので心配ありません。

　成虫は灯火に飛来する種が多いですが、マイマイガやヒメシロモンドクガのオスのように、昼間活発に飛ぶ種もいます。

　また、ドクガ科に擬態するヤガ科やシャチホコガ科の幼虫も知られています。

ヒメシロモンドクガ

ドクガ科 Orgyia 属［学名］Orgyia thyellina

ヒメシロモンドクガの中齢幼虫です。赤、黄、黒のトリコロールが美しい。

ヒメシロモンドクガ完全データ

［**大きさ**］終齢幼虫35～40ミリ［**成虫開長**］21～42ミリ
［**発生時期**］春～秋に2～3回発生［**越冬**］幼虫

食草 ●バラ科、クワ科、ブナ科、ヤナギ科、カバノキ科など多食性。
分布 ● 北海道，本州，四国，九州；シベリア，朝鮮，台湾

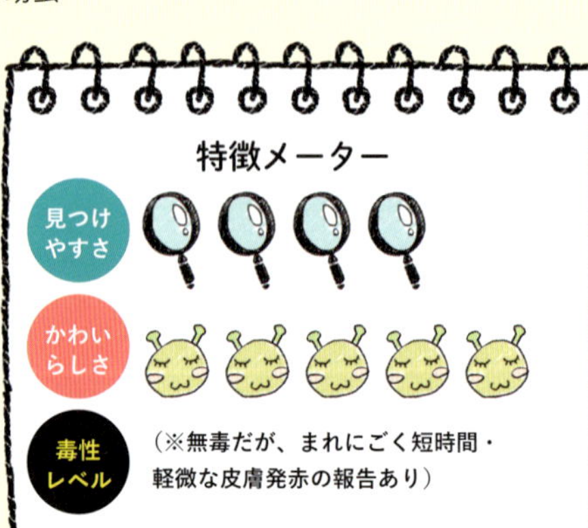

おつかれ様〜！無事、脱皮終了です。

ガラス面に体を固定、「眠」に入ったようです。

警戒色といって、目立つ色で天敵を驚かせるんだよ。(© Ikuko Kishino)

幼虫は「ザ・ドクガ」なデザインです。鮮やかなトリコロールの色彩に、頭に黒い角のような毛の束、しっぽのような茶色の毛の束、背中に歯ブラシのような白い毛の束、そして脇に突き出た黒い毛の束……これでもかとアクセサリーをジャラジャラとつけているようであります。

名前、容姿ともに有毒のモンシロドクガと間違えられやすい気の毒なポジションとも言えます。キドクガやゴマフリドクガの幼虫とも似ていますが、心なしか、ヒメシロモンドクガが一番温厚そうに見えます。毒針毛はなく、普通の方法で飼育可能と考えています。

成虫になると、幼虫のころのような、「芸術爆発ファッション」から卒業し、落ち着いた和風？の蛾に生まれ変わります。成虫も毛むくじゃらで手足が大変かわいらしく、つぶらな目、まるで「お手」をするように前あしを出しています。

夏に羽化するメスは、蛾らしい姿をしていますが、秋に羽化するメスは、翅が退化して飛べません。

ヒメシロモンドクガ

ドクガ科 Orgyia 属 ［学名］ *Orgyia thyellina*

脱皮を終えて終齢幼虫に。背中にはトレードマークの、歯ブラシのような白い毛束が生えて、ちょっと得意そうです。

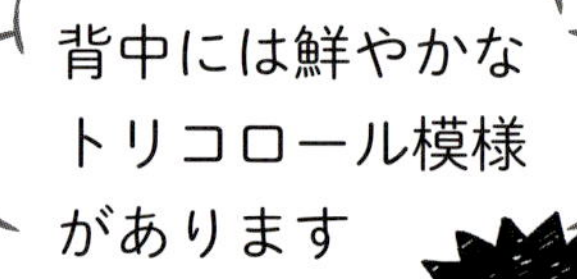

芸術爆発ファッションの終齢幼虫。

やっぱりこの指が一番落ち着く。（© 山宮まみ）

白い毛束、いいいでしょ？（© 山宮まみ）

手乗りヒメシロモンドクガ。（© 山宮まみ）

こちょこちょこちょ。（© 山宮まみ）

もふもふの前あしと、つぶらな目。

羽化したヒメシロモンドクガ成虫。

リンゴドクガ

ドクガ科 Calliteara 属 ［学名］ Calliteara pseudabietis

遊んでよ～（© にしださゆ）

リンゴドクガ完全データ

［**大きさ**］終齢幼虫30～35ミリ［**成虫開長**］36～60ミリ
［**発生時期**］初夏～秋に２回発生［**越冬**］蛹

食草 ●［バラ科］リンゴ、ナシ、サクラ、［ヤナギ科］ヤナギ、［ブナ科コナラ属］クヌギ、コナラ、アベマキ、［カエデ科］カエデ

分布 ●北海道，本州，四国，九州，対馬，屋久島

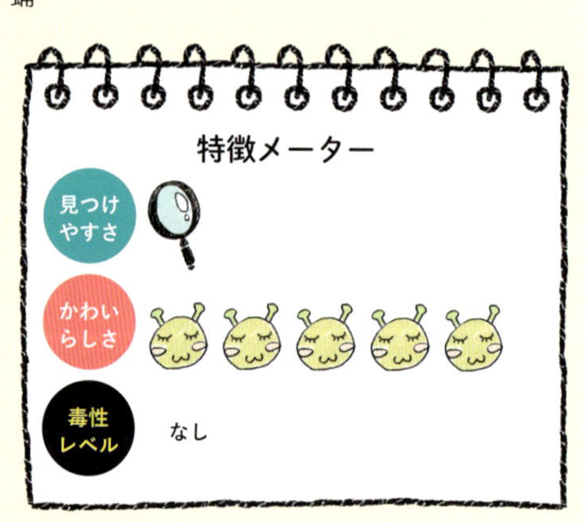

黄色っぽいタイプです。チャウチャウみたいですね。（© みややも）

「こんにちは～」（© みややも）

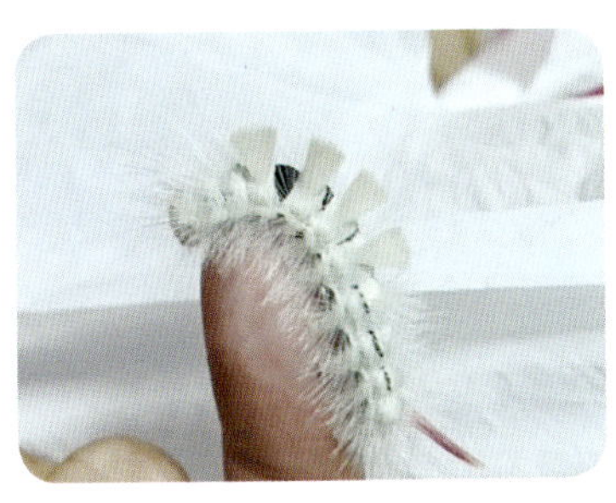

リンゴドクガの幼虫。白っぽいタイプです。すごくいい毛並み♪（© みややも）

黄白色の長い毛でおおわれた毛虫で、背中の黒い毛は怒ったときに現れます。

なんと、LINEにも「リンゴドクガスタンプ」があり、私も使っています。また、Googleの検索窓にリンゴドクガと入れると、「リンゴドクガ　かわいい」「リンゴドクガ　飼育」と候補が出てきます。そう、かわいいことで有名な種でもあるのです。〝ドクガ〟という名前ですが毒もありません。

幼虫は丸い鞠のようにも見えます。顔をドアップしても、何か言いたげな感じがたまりません。

成虫もモコモコして、トイプードルを彷彿とさせられます。これがネコぐらいの大きさなら、よりモフモフの癒しキャラ、ゆるキャラぽく見えるかもしれません。蛾の中では「オオミズアオは特別」という意見があると書きましたが、毛虫の中でも「リンゴドクガは特別」という意見があるようです。

リンゴドクガ

ドクガ科 Calliteara 属 ［学名］ Calliteara pseudabietis

お腹側から失礼します。(© みややも)

リンゴドクガの成虫です。幼虫に比べるとインパクトがないようですが……（© 齊藤勝巳）

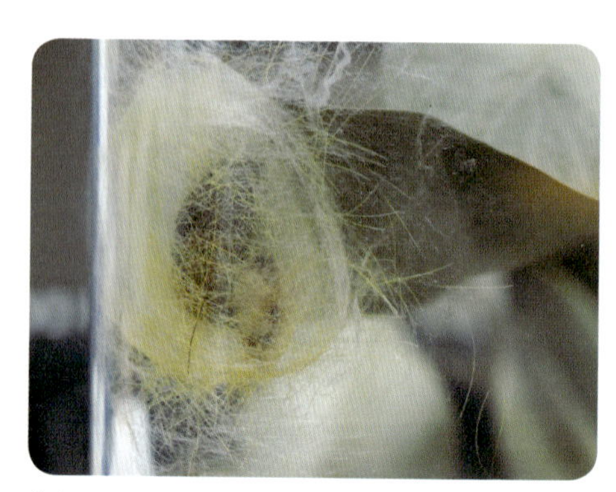

繭をつくって蛹になりました。(© みややも)

こんなに愛嬌のある顔をしています。（© みややも）

こんなところにとまったら目立っちゃうけど、まいっか。（© masafumi.q25）

**モコモコで
トイプードル
っぽい！？**

「これからも、リンゴドクガをよろしくね～」（© みややも）

「もっふもふでしょ？」（© みややも）

マイマイガ

ドクガ科 Lymantria 属［学名］Lymantria dispar

マイマイガの若齢幼虫。色彩はまだ、控え目です。

マイマイガ完全データ

［**大きさ**］終齢幼虫55～70ミリ［**成虫開長**］45～93ミリ
［**発生時期**］初夏に1回発生［**越冬**］卵

食草 ●バラ科、ブナ科、ニレ科、ヤナギ科、カバノキ科など
分布 ●本州，四国，九州

糸でぶらさがってブランコ遊び♪（© 平本富美江）

手すりの下で雨宿り。（© 平本富美江）

お兄ちゃん、待ってよお～（© にしださゆ）

初夏に森林に入ると、ときどき「毛虫だらけじゃん」と感じることがあります。都市部に近いところでは、毛虫の正体はたいていマイマイガの幼虫です。数年に一度、大発生して「森林の主」と化する大型毛虫です。基本的に毒はありませんが、一齢幼虫のみ毒針毛を持つので、小さな個体には触れないようにしましょう。

いざ大発生すると、大勢でたむろしてカーペットのようになって人目を引いたり、樹上からブランコみたいにぶらぶらと降りてきたりして、注目を浴びます。そして大量に羽化した成虫が街中に飛来し、シュールな光景を提供してニュースになることもあります。

マイマイガ

ドクガ科 Lymantria 属〔学名〕Lymantria dispar

だいぶ大きくなった幼虫。

一齢幼虫は
有毒なので
注意しましょう

かなり大きな幼虫が、樹の幹でのんびりしています。

終齢幼虫のお顔。

毛虫が集団で
たむろすると
すごみがあります

終齢幼虫がたくさん集まって絨毯のよう。

カーペット？
いいえ
毛虫です！

産卵中の成虫。

お見事な絨毯です。幼虫はときどき、大きな集団を作ります。

キアシドクガ

ドクガ科 Ivela 属［学名］Ivela auripes

白ドレスの使者は日陰がお好み

私の職場で、キアシドクガの幼虫が大発生しました。とりあえず一頭スカウト。

キアシドクガ完全データ

［**大きさ**］終齢幼虫35～40ミリ［**成虫開長**］50～57ミリ
［**発生時期**］1回発生、幼虫は6～10月［**越冬**］卵

食草 ●［ミズキ科］ミズキ、クマノミズキ
分布 ● 北海道，本州，四国，九州；シベリア，中国

お顔。動き回っていることが多く、なかなかドアップを撮るのが大変でした。

これは小さな若齢幼虫です。

モンシロチョウかと思ったら、どうも挙動が変……モンシロチョウは日なたを好むのに、どうも日陰を好んで飛んでいるようだ……こんな光景が見られたら、大発生したキアシドクガかもしれません。キアシドクガは昼行性で、飛んでいる姿はモンシロチョウに見えます。5月末頃、「林にへばりつくように」大集団となって飛び交うこともあります。

幼虫は、黄色と黒の「危険カラー」ですが、毛に毒はありません。大発生は1～5年で終息し、樹木を枯らすようなことはあまりないようなので、基本的に放置で大丈夫でしょう。

マイマイガのように、ぶら下がりながら樹上から降りてくることがあるので、苦手な方からは心臓に悪いと不評です。

キアシドクガ

ドクガ科 Ivela 属 ［学名］ Ivela auripes

タイルの隙間で前蛹に。

宝石のような美しい蛹。

無事に羽化しました。大空へ飛び立つよ～。
（© Ikuko Kishino）

羽化した成虫。透き通るような白で、天使を彷彿させられます。

名前の通りの、黄色っぽい前あしがトレードマークです。（© うけっち）

こちらも羽化したばかりのキアシドクガ成虫。
（© うけっち）

チャドクガ

ドクガ科 Arna 属［学名］*Arna pseudoconspersa*

※かわいいからと手を出すべからず。有毒につき、距離を保つこと。

キュートな姿に毒針が光る

ヤブツバキの葉を食べているチャドクガの幼虫。

チャドクガ完全データ

［**大きさ**］終齢幼虫25〜30ミリ［**成虫開長**］24〜35ミリ
［**発生時期**］春〜秋の２回発生［**越冬**］卵

食草 ● ［ツバキ科］チャ、ツバキ、サザンカ
分布 ● 本州，四国，九州，対馬；朝鮮，台湾，中国

別のチャドクガ幼虫の集団です。(© Ikuko kishino)

まっすぐ並んでお食事。けっこう行儀がいいんです。

成虫はとてもかわいく、リボンでもつけたくなりますが、絶対に手を出してはいけません。チャドクガは生涯に渡って毒針毛を持つ蛾として有名だからです。観察するときは、風下に立たないようにしましょう。抜け毛や遺骸でもかぶれます。サングラスなどを着用すると安全です。

おもしろいことに、毛虫を嫌いな人ほど重症になりやすいので、勇敢にも観察に挑むのは、ある程度、毛虫を好きになってからの方がよいでしょう。アレルギー反応は精神的な影響も大きいためです。

ドクガの幼虫は600〜650万本の毒針毛を持つのに対し、このチャドクガは50万本くらいの毒針毛を持ちます。ドクガより控え目とはいえ、チャドクガの方が被害が目立ち、ドクガによる被害は意外に耳にしません。ドクガは森林性である一方、チャドクガは市街地に多く生息するためです。チャドクガの食草であるツバキやサザンカは庭木としてよく植えられていますが、新たにこれらを植えるのはおすすめしません。市街地に食草が減れば、チャドクガもドクガ同様、人里離れた森林へと帰っていくことでしょう。

人間同士でも、どうしてもうまく行かない人はいます。他種の動物ならなおさら。距離を置いてうまい付き合い方をするためにも、人間が使用しない自然のままの土地を、数多く残す必要があります。

チャドクガ

ドクガ科 Arna 属 〔学名〕Arna pseudoconspersa

※かわいいからと手を出すべからず。有毒につき、距離を保つこと。

拡大。目に見えない毒針毛がびっしり生えているはずです。頭は黄褐色です。（© Ikuko kishino）

幼虫は
50 万本程度の
毒針毛を持っています

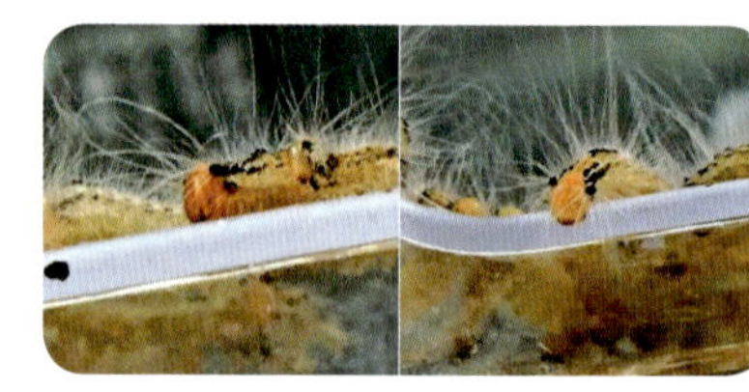

「きょろきょろ」（© 夏ひめ）

幼虫は集団を作るので、木の下はフンでいっぱいです。（© Ikuko kishino）

見慣れたら、ちょっと可愛く見えてきませんか。（© Ikuko kishino）

窓を鏡にして、毛並み整え中。（© masafumi.q25）

葉っぱの裏でおやすみ中です。（© うけっち）

成虫も毒があります。
抜け毛や遺骸でも
かぶれてしまいます

ガラス面にとまってくれました。妖精のような顔です。

チャドクガの成虫。よく灯火に飛んできます。ゴマフリドクガにも似ている個体ですが、シーズンなどからチャドクガではないかと判断しました。

まだまだいるよ！

その他の蛾の仲間たち

ここまでご紹介してきたスズメガ、ヤママユガ、ドクガ以外にも、
蛾には無数の種類が存在します。ここでは、その中から
代表的な２種類の蛾をピックアップしてご紹介しましょう。

アメリカシロヒトリ

ヒトリガ科 Hyphantria 属
［学名］Arna pseudoconspersa

すっかり日本に適応した外来種

別宅のウメの樹についていたものを連れてきました。

エサが少なくなると、すぐに蓋の隙間から脱走します。

アメリカシロヒトリ完全データ

［**大きさ**］終齢幼虫30ミリ
［**成虫開長**］22〜36ミリ
［**発生時期**］初夏〜秋に2回
［**越冬**］蛹

食草●［バラ科］サクラ、バラ、リンゴ、［ブナ科コナラ属］コナラ、［マメ科］ダイズ、［ミズキ科］ミズキ、［スズカケノキ科］スズカケノキ、［カエデ科］トウカエデ、［クワ科］クワなど多食性

分布●本州，小笠原，四国，九州

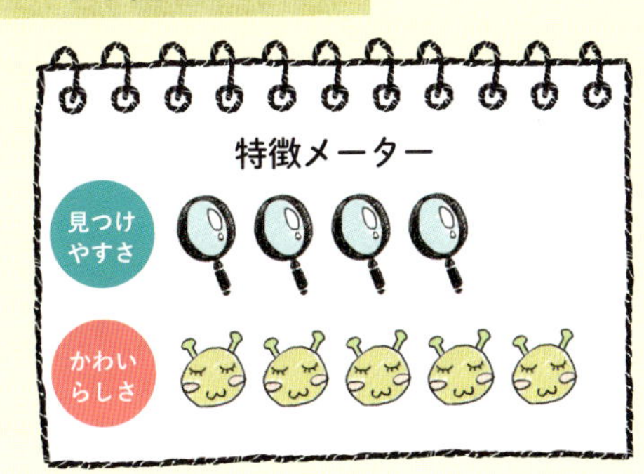

戦後、アメリカから侵入した外来種です。かつては、樹木の大害虫として悪名を轟かせ、街中の緑を食いつくすのではないかと言われるほど「猛威」を振るったものです。食草の種類が非常に多いことに加え、外来種の特権で「天敵がいない」という背景がありました。在来種では、その種を専門に、あるいは好んで捕食・寄生する天敵がいるものですが、外来種であるために、好んで手を出す天敵がいなかったのです。

しかし、最近は小鳥なども捕食するようになったようで、ときおり大発生の報告はあるものの、適正な個体数となって日本の生態系にすっかり溶け込んだ感があります。

三齢幼虫までは巣を作って集団生活をしますが、それ以降は集団を解散、めいめい散らばって過ごすようになります。

私が飼育した感触は「意外に知能が高いのかもしれない」です。エサがなくなると、すぐに脱走を試みるのです。体が細いのをいいことに、一般の飼育器からは、赤子の手をひねるように脱走し放題で、あやうく部屋を彼らに「乗っ取られ」そうになったこともあるほど……。しばしば有毒であると誤解されますが、無毒です。

成虫は白くてモフモフの蛾で、あまりのかわいらしさに害虫かつ外来種であったこともチャラにしたくなります。

子どもの頃、成虫が挨拶するように私の体にとまってから飛び立ったときは感激したものです。

羽化しました。さっそく交尾しています。

だいぶ大きくなりました。自然界では単独生活に移るころでしょうか……。部屋の中を「パリパリ……」という規則正しい音が支配しています。

元々は外来種ですが
今ではおなじみの
存在です

恒例の顔のドアップ。なかなかのイケヒトリガ。

ふんわりとした雰囲気は癒し系です。

ちょっとブルーな顔。

もっふもふだよ～

横顔。

クワコ

カイコガ科 Bombyx 属
［学名］Bombyx mandarina

野生のカイコさんだぞ。（© annko）

その頭の膨らませかた、アゲハの幼虫にも似てるね。（© annko）

クワコ完全データ

［大きさ］終齢幼虫35ミリ
［成虫開長］32～45ミリ
［発生時期］春から夏に2回
［越冬］卵
食草●［クワ科］ヤマグワ、クワ
分布●北海道，本州，四国，九州，対馬，屋久島，トカラ列島；朝鮮，中国

絹糸を作るために家畜化されたカイコの先祖・野生種と考えられています。幼虫はカイコと同様、クワなどの葉を食べます。枝に擬態しているのか、あまり動きません。容姿や行動はビロウドスズメを思わせるところがあり、驚くと胸部を膨らませ、眼状紋を強調します。眼状紋がなんともユーモラスな表情を作り、人がよさそうな顔をしながらも、必死に「ああん？」と悪ぶるようです。

モスラの成虫モデルはヤママユガですが、幼虫モデルはこのクワコだと考えられています。

成虫の生態も一般の蛾と同様、飛ぶことができ、灯火に飛来することがあります。淡い褐色で、典型的な蛾を思わせる色彩です。蛾としては珍しく、昼に交尾を行います。

一方、カイコは完全に家畜化されていて、成虫は飛べません。幼虫は逃げ出すこともなくいつもじっとしています。カイコから少し離れたところに葉っぱを置くと、そこまでたどり着けずに餓死してしまうことすらあります。

学校などでカイコを飼育したとき、ふたをしなかったことを思い出さないでしょうか。「人間のために、糸を吐く以外の生活能力を一切奪われてしまった生物」……なんだか考えさせられるものがありますね。

「ごめん、今繭を編んでて忙しいの」（© annko）

羽を開いて。（© 松井亜弥）

さすがはカイコの
先祖、繭の糸は
キラキラしています

あにゃ、これは何だろう……。（© やちぐち☆まり）

羽を閉じて。（© 松井亜弥）

横顔。（© 松井亜弥）

これが人間界で人気の、自動販売機か。光ってるから、ワタシも吸い寄せられてしまったわ。（© やちぐち☆まり）

カイコと違って
成虫は飛ぶことが
できます

美しい卵。（© 松井亜弥）

やっぱりクワコももふもふ。（© 松井亜弥）

毒の強いドクガ科の蛾が入ってきたら？　刺されたら？

チャドクガ、ドクガなどが室内に入ってきたら、どうすればよいでしょうか。人間都合で考えたとしても、まず避けたいのは叩き潰したり殺虫剤をかけたりすることです。叩き潰せば毒針毛が飛び散りますし、殺虫剤でも苦しんで暴れるので毒針毛をまき散らすことになるからです。ティッシュなどにうまくとまらせたうえで、ティッシュごと外に出すのがベストな方法と言えるでしょう。

幼虫、成虫問わず、彼らに触れてしまった場合、決して患部をこすってはいけません。こすると毒針毛を患部にすりこむことになってしまうからです。

まず、セロハンテープや絆創膏をそっとあてて、毒針毛を取り去ります。そして石鹸をつけて、流水やシャワーで勢いよく洗い流したうえで、抗ヒスタミン剤を含む虫刺され用の軟膏を塗るようにします。症状がひどければ皮膚科を受診、目に入ったときはよく洗い流した上で眼科を受診するようにしましょう。

また、毒針毛がついてしまったと思われる衣服は、アイロンをかけるか 50℃以上のお湯で洗うとよいでしょう。毒はタンパク質でできているため、熱に弱く、熱で変性・失活するためです。

もっと蛾と仲良くなってみよう

本書を通じて蛾への愛着がわいてきたら、
実際に蛾とのコミュニケーションを
試みてみるのもいいでしょう。
ここでは、蛾の基本的な扱い方などをご紹介します。

知ってた？ ドラマティックな蛾の一生

蛾と仲良くなる前に、彼らがどんな一生をおくるのか知っておきましょう。はかなくもドラマティックな一生を知れば、ますます親近感がわいてきます（一般的なスズメガの例）。

卵の時代

［季節］初夏から秋
［期間］数日から数週間

殻の中で細胞分裂を繰り返し、受精卵から幼虫のからだが作られていく時期です。よく観察すると、だんだん色が変わり、からだの各部分ができていくのがわかります。おもに初夏から秋に見られます。数日から数週間で殻を破り、幼虫が出てきます。

幼虫の時代

［季節］初夏から秋
［期間］1ヶ月弱

いわゆる「イモムシ」の時期です。ひたすら食べて食べて食べまくって成長します。1ヶ月弱で最高のサイズにまで成長し、やがて蛹になる準備をします。

蛹の時代

［季節］夏から秋
［期間］1、2 週間（秋の蛹はそのまま越冬）

幼虫の「食べて成長する」からだから、成虫のからだへと変化する時期です。からだを劇的に変化させることに集中するため、エサも食べず、基本的には動きません。たいてい 1、2 週間で羽化しますが、秋に蛹になった場合は冬を越して、春に成虫になります。

成虫の時代

［季節］夏から越冬後の春にかけて
［期間］数週間から1ヶ月

成虫は、子孫を残すのが使命です。羽根を使って広い範囲を飛び回り、異性を探します。数週間から 1 ヶ月くらいで交尾・産卵を済ませると一生を終えます。

スズメガ／ヤママユガ／ドクガを呼んでみよう

成虫を呼ぶには？

ポイント 1 灯火（特に水銀灯やブラックライト）によく集る

ポイント 2 灯火で白い布や壁を照らすと効果大

庭やベランダなどに、スズメガやヤママユガ、ドクガを呼んでみることもできます。成虫はよく灯火に飛んできます。灯火の種類によって集まり方は異なります。ＬＥＤではあまり集まらず、水銀灯やブラックライトはとてもよく集まるとされています。ライトに照らされた白い布や壁があると、特によく集まります。また、時刻によっても飛んでくる種が異なります。たとえばスズメガは、宵のうちよりも、夜が更けてから明け方にかけての方が多く飛来します。そのあたりを調べてみると、おもしろい自由研究になりそうです。

スズメガの成虫は、おもに花の蜜を吸います。スズメガには長い口吻を持つものが多く（エビガラスズメで

幼虫を呼ぶには？

ポイント 1 生息種を調べる

ポイント 2 その種の食草を植える

は100mm以上)、スズメガの影響により、特徴的な進化をとげた花もあります。長い花筒や距が発達しているのです。具体例としては、マツヨイグサ類、カラスウリ、ハマユウ、サギソウ、オシロイバナ、ヨルガオなどが挙げられます。

幼虫も呼んでみましょう。まず、ターゲットとする種が生息しているかを調べます。生息していれば、その種の食草を植えましょう。すると、夜間(オオスカシバなどは日中)に飛んできて、卵を産み付けてくれます。

「雑草」と呼ばれる植物の中にも、スズメガの幼虫が好むものがたくさんあります。丁寧に除草をせず、ある程度野草を残しておくと、スズメガをはじめとしたさまざまな虫が来てくれることでしょう。

スズメガ／ヤママユガ／ドクガを育ててみよう

幼虫の飼育の様子

　スズメガやヤママユガ、ドクガについてよりよく知るためには、飼育するのが最善の方法です。大の虫嫌いだったお母さんが、子どもの飼育に付き合い、おっかなびっくり世話をしているうちに思わず情が移ってしまうのもよくある話です。
　また、蛾に関してはまだまだ未解明なことも多く、小学生や幼稚園の子が新たな発見をできる可能性もあります。
　チョウや蛾の幼虫は、ポイントさえ押さえれば似た方法で飼育できます。
　まずは、飼育するための入れ物を用意しましょう。
　上図のように、一般のホームセンターなどで売られている飼育器でもかまいませんし、次ページのように植木鉢やかめを使う方法もあります。植木鉢の土の中で蛹になった場合は、植木鉢ごと土に埋めると、無事に

蛾の飼育に必要なもの

冬を越せることが多いようです。

いずれにしても、風通しをよくして飼育器の中がジメジメ、ムシムシしたり、直射日光が当たらないよう気をつけます。

特にスズメガ、ヤママユガの幼虫は体が大きくなるので、なるべく飼育器も大きくします。食草は種によって決まっています。思った以上に大食いですぐに食べてしまうことがあるので、たっぷりと入れておきます。「まさか、これを夕方までに食べきることはできないだろう」と思っても、跡形もなく食べきって驚かされることしばしばです。

葉を与えるときには、濡れたティッシュなどで軽く拭くと、汚れや菌類などを除去でき、病気や寄生虫を防げます。可能であれば、幼虫に接する前にエタノールで手を消毒するとよいでしょう（人間の手のひらは、細菌やダニがたくさん。顕微鏡で見るとトラウマになります……）。

これだけ気を付けていても、ウイルス性の病気に感染してしまうことがあります。ウ

飼育する際のポイント

1. **種によって決まった食草を与えること。また、食草に当てはまってはいても、ウメで育ったモモスズメはサクラの葉を食べないこともある。**

2. **風通しをよくし（容器内に水滴ができないよう）、直射日光、高温多湿を避けること。**

3. **清潔な葉を与えること（しばしば菌類や寄生バエなどの卵がついているので注意）。**

4. **体色や体臭にも気を配る（ウイルス性の病気などに注意）。**

5. **眠（脱皮の前に動かなくなる状態）に入った幼虫には触らない。**

イルス性の病気に感染すると、動き回ったり反対に動かなくなったり、下痢をしたり吐いたりします。体色も変化します。慣れてくると、体臭だけで感染した幼虫を見分けられるようになると思います。

残念ながら現在の獣医学では、感染してしまった幼虫を救う手立てはありません。まれに自力で回復してくれることもありますが、それに期待するのみです。読者の皆様の中から、ブラックジャックのような獣医が出てきて、救えるようになる日を心待ちにしています。

できることは、感染拡大を防ぐため一刻も早く隔離します。使っていた容器は台所用の漂白剤につけて消毒するか、廃棄しましょう。なお、イモムシとヒトの体は大きく異なるので、イモムシの病気が人間に移る心配はありません。

イモムシ、毛虫は平和的な種が多いですが、まれに喧嘩する種もいるので、よく観察し

ケンカ対策は一頭ずつ分けて飼育

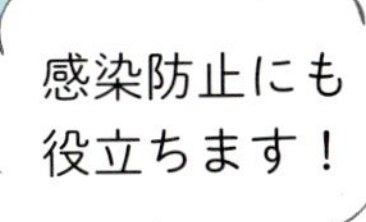

て喧嘩をするようなら、飼育器を分けるようにしましょう。感染症を防ぐためにも、可能であれば一頭ずつ飼育することが好ましいです。

また、ふんも大きいので、カビが生えないうちにこまめに捨てるようにします。飼育器の底にちり紙などを引いておくと、その紙ごと捨てることができて便利です。

やがて大きく成長した幼虫は、葉を食べなくなり、べっとりしたフンをします。蛹になるのです。スズメガの多くは土の中、ヤママユガやドクガは葉の間や飼育器の隅で蛹になります。

スズメガの場合、消毒した土を入れるか、ティッシュを何重にも敷き詰めると、その中で蛹になります。羽化の際、土やティッシュが体の余分な水分を吸収するはたらきがあると考えられています。

蛾の紳士的なエスコートの方法とは？

スマートなエスコートのポイント

ポイント1　なるべく素手では触らない

ポイント2　枝や筆に乗り移させてエスコート

イモムシはかわいいので、ギュッと抱きしめはしないまでも、ナデナデしたくなるのは凄くわかります。ただ、ウイルス感染を防ぐために、なるべく素手で触らないほうがよいでしょう。虫からヒトへは病気が移りませんが、ヒトから虫へは移る可能性があります。

ピンセットもイモムシのからだを傷つける恐れがあるのでおすすめしません。湿らせた細い筆を使って、優しくエスコートするようにしましょう。

葉にとまっているものは枝ごと移動、歩いているものは筆や枝などに乗り移るように誘導します。また、驚くと糸を吐きながら落下するタイプのイモムシ、毛虫もいます。さかさまにした傘を下にセットしたうえで、棒などで枝をわさわさする方法もあります（ビーティング）。

成虫も、ティッシュや枝などにとめたうえで、枝ごとエスコートするのがスマートです。

世界に誇れる虫愛づる日本文化

平安時代後期以降に成立した堤中納言物語にも、藤原宗輔の娘をモデルにしたと言われる「蟲愛づる姫君」という話があります。虫を愛でる女性は、大昔から存在したことがわかりますね。虫を愛でるのは、日本文化の特徴とも言えます。スーパーやコンビニで虫取り網が売られるほど昆虫採集がメジャーな遊びであるのは、日本と中国くらいではないでしょうか。

虫はかつて「下等な生物」と考えられていました。しかし、本書で繰り返し述べてきたように、意外に表情が豊かで、ひょっとしたら私たちと同じようなレベルの意識を持つのではないかということもわかってきています。虫にも痛覚があることがわかってきたうえ、虫の世界にも「同性愛」すら存在するのです。

そうすると、我々人間が虫に対してしてきた仕打ちは、なんと罪深いことでしょう……。しかし虫は恨んだり怒ったりすることなく、「ま、しょうがないっしょ」とつぶやくくらいだと思います。虫は全般的にさっぱりしていて、執念深くないのです。

世界でも特異な日本文化ですが、虫を愛で、虫もなるべく殺さないようにしようという文化こそ、世界に誇れると思います。殺虫剤メーカーは毎年、実験等で犠牲になったハエや蚊の慰霊祭を行うそうです。虫にも魂を感じるところは、まさに日本的と言えましょう。

知っておくと便利な「蛾」用語集

本書では、蛾やイモムシに関するさまざまな用語が登場しています。あまり耳になじみのないものも多いでしょう。そこで、ここでは知っておくと便利な蛾の用語をピックアップして意味を解説します。ぜひ参考にしてください。

口吻（こうふん）proboscis
口。チョウや蛾では、長いストロー状。花の蜜や樹液など液体の食物を吸うのに適す。スズメガ科は特に発達しており、体長の数倍に達する一方、ヤママユガ科の蛾などの成虫は、口吻が退化し食事ができない。

鱗粉（りんぷん）scale
チョウや蛾などの羽根、からだを覆っているうろこ状の粉。羽根の模様を作り、水をはじくはたらきがある。

眠（みん）diapause
チョウや蛾などの幼虫が脱皮前に食事をとらなくなり、動かなくなること。

蛹化（ようか）pupation
昆虫が、幼虫から蛹になるときの脱皮。

羽化（うか）mergence
昆虫が、さなぎや幼虫から成虫になること。

孵化（ふか）hatching
卵からかえること。

脱皮（だっぴ）ecdysis、Molting
動物が古い皮を脱ぎ捨てること。なお、哺乳類などでは「垢」として少しずつ落ちるので脱皮の必要がない。

食草（しょくそう）host Plant
エサとしている特定の植物。樹木の場合には特に食樹ということもある。

繭（まゆ）cocoon
昆虫の幼虫が、口から繊維を吐いてつくる覆い。主に楕円状。さなぎを保護する。

眼状紋（がんじょうもん）eye spot

眼のように見える模様。敵を威嚇する効果があると考えられる。

尾角（びかく）

尻の部分に持つ突起。

擬態（ぎたい）mimicry

生物が、他の生物や物に似せること。蛾がハチに擬態し、敵を避けたりする。

変態（へんたい）metamorphosis

生物が、からだの形態や構造を著しく変化させること。イモムシがチョウになるなど。

フェロモン pheromone

動物がつくりだし、体外に放散する微量物質。なかまとのコミュニケーションに使われ、アリの道しるべフェロモン、スズメバチの警戒フェロモン、異性を呼ぶ性フェロモンなど種類が多い。

寄生（きせい）parasitism

ある生物が、別の生物から栄養やサービスを一方的に受け取ること。双方に利益がある場合には共生という。

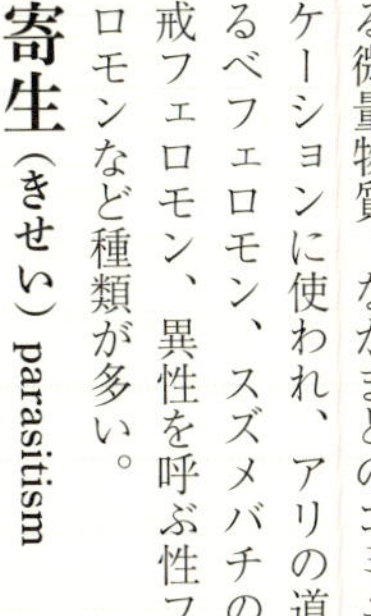

終齢幼虫（しゅうれいようちゅう）

蛹になる直前の幼虫。蛹化まで、もう脱皮をしない幼虫。反対に小さな幼虫は若齢幼虫という。

触角（しょっかく）antenna

節足動物に見られる感覚器官。触角、嗅覚を敏感に感じ取る。ヒトでいうと鼻、皮膚などに該当。

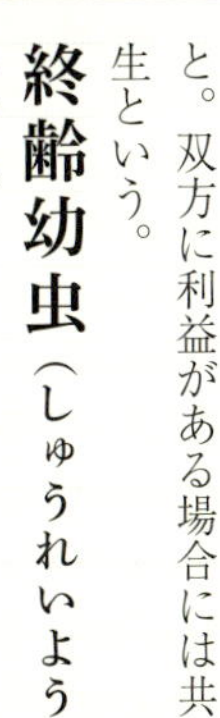

前蛹（ぜんよう）prepupa

蛹になるための準備をし、動かなくなった状態。

ワンダリング wandering

チョウや蛾の幼虫が、蛹になる場所を探して動き回る状態。飼育していると、この時期にしばしば逃げられるので注意。

腹脚（ふくきゃく）Prolegs

チョウや蛾の幼虫の腹部についている脚のような器官。

気門（きもん）Spiracle

からだの表面にある空気の出入り口。呼吸器官。

蛹（さなぎ）Pupa

完全変態の昆虫が、幼虫から成虫になる過程でとる休眠状態。食事をとらず静止状態であるが、刺激を受けるとピクピク動くことがある。

幼虫（ようちゅう）Larva

いわゆる昆虫の子ども。蛾では蛹になる以前の姿。羽根などを持たず、食草をひたすら食べて成長することに専念する体の仕組みとなっている。

蛹便（ようべん）Miconium

蛾が羽化して最初に排泄する糞尿のこと（昆虫は糞と尿の区別があいまい）。蛹の時にたまった不要物が一気に出てくる。

学名（がくめい）Scientific Name

生物における世界共通の名前。ラテン語が用いられ、属名と種小名を組み合わせた「二名法」で命名される。人間は和名ではヒトだが、学名はHomo sapiens（ホモ・サピエンス）。

本書を通じて、蛾には種類によって
さまざまな個性があることが
おわかりになったと思います。
ここでは、そんな蛾のユニークな魅力を独自に
ランキング形式で格付けしてみました。

文句なしの蛾の王者！

1位 ヨナグニサン

世界最大の蛾として有名で、まさにモスラ！褐色がベースでありながら、けばけばしく派手な印象を与え、妙な存在感がある。

ヤマンギと呼ばれ恐れられる

2位 イワサキカレハ

終齢幼虫はなんと 150 ミリにも達し、しかも毒針毛を持つという、おそらく日本で最強スペックの毛虫。

鳴くし、可愛いし、でかい

3位 オオシモフリスズメ

No2 には負けるが、終齢幼虫は 130 ミリにも達し、しかも可愛い声で鳴く。成虫はからだが太く、ある意味ヨナグニサン以上のボリューム感。

一度見たら忘れられない姿

4位 アケビコノハ

幼虫の「異様」な形と眼状紋が有名。図鑑などの表紙に使われることも。正体を知らなかったら、相当怖く感じるはず。

リアクションが濃過ぎる毛虫

5位 フクラスズメ

幼虫はとにかくオーバーリアクション。人間が毛虫集団に近づくと、一斉にからだを反らせたりして驚かされる。

美しき、月の女神

6位 オオミズアオ

水色の蛾というだけでもレアだが、大型なうえ都市部でも見られ、おっとりした性格は魅力マックス。

元祖・人面蛾

7位 メンガタスズメ

背中に人の顔のような模様を持つ、世界的に有名な「人面蛾」。クロメンガタスズメと近縁種。

異様に美しい春の使者

8位 イボタガ

いわゆる「春の三大蛾」のひとつ。大型で異様な美しさがある。日本産は1属1科1種。一度見たら忘れられない。

キング・オブ・尺取り虫

9位 トビモンオオエダシャク

最大の尺取り虫。枝にそっくりで、うっかり土瓶をかけようとして土瓶を割った逸話から「土瓶割り」とも。幼虫の顔には、猫のような「耳」。

LINE のスタンプにもなった

10位 リンゴドクガ

幼虫も成虫も「ザ・モフモフ」で可愛いと密かに有名に。

この本で出会える愛すべき蛾たち

スズメガの仲間

ヤママユガの仲間

ウスタビガ
……P90

エゾヨツメ
……P94

オオミズアオ
……P74

クスサン
……P78

シンジュサン
……P86

ヤママユ
……P82

ドクガの仲間

キアシドクガ
……P114

チャドクガ
……P118

ヒメシロモンドクガ
……P102

マイマイガ
……P110

リンゴドクガ
……P106

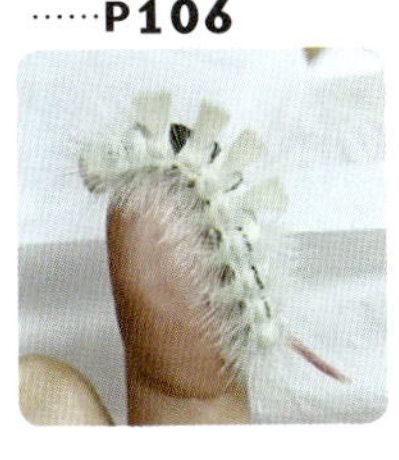

その他の蛾

アメリカシロヒトリ
……P122

クワコ
……P126

スペシャルサンクス

本書は、写真のご提供をはじめ、多くの昆虫好き＝“ナウシカ系”のみなさまからのご協力によって制作されました。蛾の魅力を多くの人に伝えることができたのも、ひとえにみなさまのおかげです。ここにご協力者のお名前を挙げ、あらためて御礼を申し上げます。ご協力ありがとうございました！

にしださゆ
https://twitter.com/paranticasita26

山宮まみ
https://twitter.com/ssjszm

零ぴょん

う
https://twitter.com/mutichan12

yezco
https://twitter.com/grezo_a_55

イモムチ
https://twitter.com/saibaimanyouchu

荒川純仁

吉田朱里

こきん

トーコ
https://www.facebook.com/gaikotu
https://www.instagram.com/toko_ashizawa/

銀猫
https://www.instagram.com/m.cherry_red

井上ゆりか

赤城てんし

nanami

西村トモキ
https://www.instagram.com/tomoki3277/

megumi ono
https://www.instagram.com/meg_traviesa

保坂雅子

平本富美江

松井亜弥
https://twitter.com/@Caipirinha8
https://www.instagram.com/aya.caipirinha

齊藤勝巳
https://twitter.com/otias_k_1026

クワにし

パッ子
https://twitter.com/Patuko2013

長田庸平
URL https://kinokoga.jimdo.com

みややも
https://twitter.com/miya_yamo_moth
https://www.instagram.com/miyayamoth/

矢矧紗友莉
URL sayurizevodsk21464.blog.fc2.com
https://twitter.com/Rizelia214hGyRy
https://www.instagram.com/rizelia21464/

やちぐち☆まり
https://twitter.com/green_men0413

Stag
https://twitter.com/Stag03270711

うけっち
https://www.instagram.com/ura_ukerotty/

miku
https://www.instagram.com/miku_f_2

masafumi.q25
https://www.instagram.com/masafumi.q25

なつひめ

onikomati
URL https://luca.at.webry.info/
https://twitter.com/onikomati

越野有祐
https://www.instagram.com/koshinoyusuke

大石誠也
https://twitter.com/MIYAKARA1643

zmichikusa
https://www.instagram.com/zmichikusa

榎本優子

natsuki ono
https://www.instagram.com/natsuki.ono

Ikuko kishino
https://www.instagram.com/mao.ikko
https://twitter.com/harapekoikko

生物LOVE Takashi
https://twitter.com/takashi5665

森嶋麻衣
URL https://ameblo.jp/nico26orz/
https://www.instagram.com/jam_inaka
yasorashido

よなが
https://twitter.com/cccdcjg

annko
https://www.instagram.com/annko68

いかこ

増田有希子
https://www.instagram.com/daininorikachiyan

虫愛ずる♀
https://twitter.com/liebe_insekten

kaoryng
https://twitter.com/kaoryn5
https://www.instagram.com/kaoryng/

☆ぴんはに☆

hana420024

梶山知代

おわりに

最後までご覧いただき、ありがとうございました。蛾、そして虫の世界は、うっかり足を踏み入れると戻ることが困難な、とても魅惑あふれた世界です。有名人でも、手塚治虫さん、養老孟司さん、やくみつるさん、カブトムシゆかりさん、中川翔子さんなどなど、虫好きな方が意外に多いことに驚かされます。

20 世紀までは経済成長、そして「社会にどれだけ貢献したか」で人間の価値が測られてしまう時代でした。しかし今後は「どれだけ地球に優しく生きるか」へと価値観がシフトしていくことでしょう（ただ「地球に優しい」は、悪質なマルチ商法などの勧誘フレーズにも使われるので注意してください)。

人口が増え続けることが前提の「経済」というゲーム自体が、ムリゲーかつクソゲーだったのだと私は考えます。日本では少子化ばかりがクローズアップされますが、地球規模では人口爆発の方がはるかに深刻です。人類は経済活動を適度に控え、人口を抑えていくことで、他の生物に居場所をたっぷり残してやる、それが知的生物としての立ち居振る舞いだと思います。

子どもの数が少なくとも、人口が少なくとも、すべての子どもたちを輝かせることに成功すれば、日本は世界のリーダーたり得るでしょう。そのためには、すべての子どもに「自信」を持たせることです（うぬぼれではなく)。虫と触れ合うことで、いろいろな面で自信がつくこともあるでしょう。

そんな未来を作るために、本書が少しでもお役に立てればこれ以上の喜びはありません。

最後になりましたが、本企画に目を留めてくださった阿達勝則様、多大なるご指導を頂いた宮下由多加様、池田利夫様、そして、お力を貸してくださった「ナウシカ系」の皆さまに深く御礼を申し上げます。

金子大輔

参考文献

- 「昆虫の飼いかた (小学館入門百科シリーズ (127))」中山周平　小学館　1985年
- 「イモムシのふしぎ ちいさなカラダに隠された進化の工夫と驚愕の生命科学 (サイエンス・アイ新書)」森昭彦　SB クリエイティブ　2014 年
- 「イモムシハンドブック❶〜❸」安田 守　文一総合出版　2010 〜 2014 年
- 「原色日本蛾類図鑑」江崎 悌三　保育社　1971年
- 「灯りに集まる昆虫たち」海野和男　誠文堂新光社　2013年
- 「庭のイモムシケムシ」川上洋一　東京堂出版　2011年
- 「ポケット科学図鑑 2 昆虫」学研　1986 年
- 「入門百科 108 写真昆虫記 12か月（上下)」海野和男　小学館　1985年
- 「野外観察図鑑　昆虫」朝比奈正二郎　旺文社　1985年
- 「日本産蛾類大図鑑」講談社　1982年

webサイト

- みんなで作る日本産蛾類図鑑 V2
http://www.jpmoth.org/

- 晶子のお庭は虫づくし〜虫 (昆虫) の生態図鑑〜
https://www.shokonooniwawamushizukushi.jp/

- ぷてろんワールド　〜蝶の百科事典・図鑑〜
https://www.pteron-world.com/index.html

［著者紹介］

金子大輔

生き物と占いが大好きな気象予報士。東京都江戸川区出身。幼稚園〜高校までの教員免許を持つ。東京学芸大学教育学部卒業後、千葉大学大学院自然科学研究科環境計画学専攻修了。株式会社ウェザーニューズでの予報業務、千葉県立中央博物館、東京大学大学院の特任研究員などを経て、現在、桐光学園中学高等学校で理科（おもに生物）を教えている。虫好きの輪を広げたいという理想のもと、ときどき「虫オフ」を開催。著書『こんなに凄かった！伝説の「あの日」の天気』、『世界一まじめなおしっこ研究所』など。

 Twitter ● https://twitter.com/turquoisemoth

 Instagram ● https://www.instagram.com/daisuke_caneko/

 facebook ● https://www.facebook.com/turquoisemoth

●万一、乱丁・落丁本などの不良がございましたら、お手数ですが株式会社ジャムハウスまでご返送ください。送料は弊社負担でお取り替えいたします。

●本書の内容に関する感想、お問い合わせは、下記のメールアドレス、あるいはFAX番号あてにお願いいたします。電話によるお問い合わせには、応じかねます。

メールアドレス◆ mail@jam-house.co.jp　FAX番号◆ 03-6277-0581

「ときめき×サイエンス」シリーズ①

胸キュン！ 虫図鑑

もふもふ蛾の世界

2019年8月31日　初版第1刷発行

著者　金子大輔
編集　宮下由多加
発行人　池田利夫
発行所　株式会社ジャムハウス
〒170-0004　東京都豊島区北大塚 2-3-12
ライオンズマンション大塚角萬302号室
カバー・本文デザイン　船田久美子
本文イラスト　日高トモキチ
印刷・製本　シナノ書籍印刷株式会社

定価はカバーに明記してあります。
ISBN　978-4-906768-71-4